Spinnen

Ein Portrait
von
Lothar Müller

NATURKUNDEN

NATURKUNDEN № 107

herausgegeben von Judith Schalansky
bei Matthes & Seitz Berlin

Inhalt

Das enzyklopädische Tier **7**

Seidene Fäden, unsichere Welt **15** Anansi und Arachne **29**

Das Spinnennetz und seine Schatten **35**

Maria Sibylla Merian, die Vogelspinne und der Kolibri **53**

Das Gift der Einbildungskraft **63** Höhleneingänge **73**

Die Vibrationen der Weltspinne **85**

Der grüne Heinrich und die Kunst der Reparatur **95**

Argiope, die Tigerspinne **99** Arachnophobia **109**

Schwarze Witwe, Gute Mutter, Kluge Weberin **121**

Portraits

Große Feenlämpchenspinne **130** Große Zitterspinne **132**

Große Wanderspinne **134** Apulische Tarantel **136**

Mauer-Zebraspringspinne **138**

Indische Kooperative Spinne **140**

Gewöhnliche Speispinne **142** Wasserspinne **144**

Literaturverzeichnis **146**

Abbildungsverzeichnis **150**

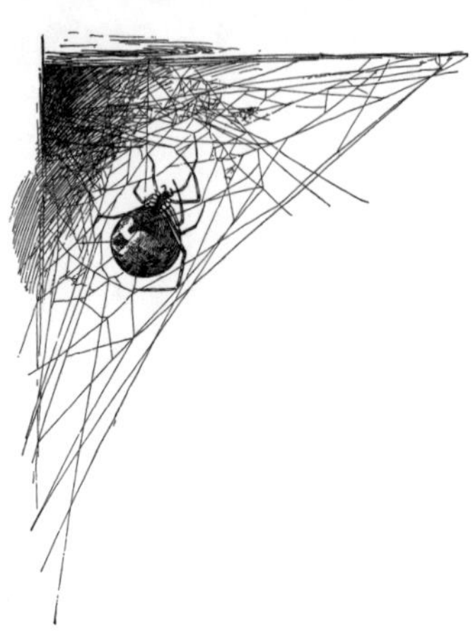

Das enzyklopädische Tier

Im April 2023 stellte Jason Dunlop vom Museum für Naturkunde Berlin in der *Paläontologischen Zeitschrift* die Überreste der *Arthrolycosa wolterbeeki* vor. Ihre Körpergröße bestimmte Dunlop auf etwa einen Zentimeter, ihre Beinspannweite auf vier Zentimeter und ihr Alter auf 300 bis 315 Millionen Jahre. Das war ein bemerkenswerter Befund. Das älteste zuvor in Deutschland gefundene Spinnenfossil war weit über 100 Millionen Jahre jünger. *Arthrolycosa wolterbeeki* führt tief in die Erdgeschichte zurück, über zwei große Zäsuren hinweg, die mit massenhaften Untergängen von Arten verbunden waren. Der ersten fielen am Ende der Permzeit, vor gut 250 Millionen Jahren, etwa drei Viertel aller Lebensformen auf dem Land und über neunzig Prozent in den Ozeanen zum Opfer. Die zweite Zäsur, das von einem Asteroideneinschlag ausgelöste Massenaussterben vor 66 Millionen Jahren, überlebten die bis dahin dominanten Dinosaurier nicht.

Die Spinnen sind nicht nur sehr alt, sie sind auch überall. Manche Tiere, etwa Elefanten oder Affen, Pinguine oder Papageien, sind mit bestimmten Weltgegenden verbunden. Die Spinnen hingegen sind auf allen Kontinenten verbreitet, in tropischen Regenwäldern, Wüsten und Höhlen, auf Bergen, Bäumen und Wiesen. Der digitale World Spider Catalog, die wichtigste internationale Literatur- und Artendatenbank der Spinnenforscher, weist weltweit derzeit 134 Familien und mehr

Alle Fossilien sehen uralt aus. Diese Spinne aus dem »Böttinger Marmor« der Schwäbischen Alb ist trotz ihres Alters von zehn Millionen Jahren deutlich jünger als die ältesten Spinnen-Versteinerungen.

als 52 000 klassifizierte Spinnenarten aus, davon etwa tausend in Deutschland. Und er wächst ständig. Die Wissenschaftler vermuten, dass es etwa doppelt so viele Spinnenarten gibt, wie bisher erfasst sind. Viele werden bereits ausgestorben sein, wenn sie in den Katalog aufgenommen werden. Er umfasst, taxonomisch gesehen, die Araneae, die ›Webspinnen‹, nicht die Arachniden, die Spinnentiere überhaupt, zu denen auch die Skorpione, Milben, Weberknechte und einige andere Spinnentiergruppen zählen.

Die Verbreitungsgebiete der Spinnen werden in Landkarten eingezeichnet, ihre Körper vermessen, ihre Farben und Musterungen exakt beschrieben, ihre Lebenszyklen und Verhaltensweisen erforscht und aufgezeichnet. Doch nie hatte die Wissenschaft das Monopol auf die Spinnen. Kaum eine Tiergruppe ist vielfältiger in die Mythen, Sagen und Dämonologien aller Kulturen verwoben. Wenigen Tieren gegenüber ist die Amplitude der Affekte zwischen Ekel und Faszination größer. In Deutschland zählt die Arachnophobie zu den häufigsten Angststörungen.

Die Spinnen sind kleine Tiere, die den Menschen schon durch ihre physische Gestalt große Projektionsflächen bieten. Sie haben wie die Menschen Beine, Augen und einen Rumpf, aber diese vertrauten Elemente treten in einer radikal menschenfernen Ausprägung und Anordnung auf. Die in zwei Reihen angeordneten acht – bei manchen Arten sechs – Augen verleihen dem vorderen Kopfende eine markante Physiognomie. Der Kopf selbst hat keine herausgehobene Position, sondern ist als fester Bestandteil in den Vorderkörper integriert. Zu diesem Vorderkörper gehören die acht Beine der Spinne. Er ist durch eine schmale, zusammengeschnürt wirkende Taille vom Hinterkörper abgetrennt, an dem die Spinnwarzen sichtbar sind. Ein Skelett haben auch die Spinnen, aber sie müssen sich häuten und ihr chitinisiertes Außenskelett abstreifen, um wachsen zu können.

In die Archive des Surrealismus ging eine Schwarz-Weiß-Fotografie des französischen Mediziners und Biologen Jean Painlevé aus dem Jahr 1929 ein. Aus einem umrisshaften Menschengesicht im Profil blickt ein weit geöffnetes Auge auf eine Spinne, die als geometrisches und zugleich unberechenbares Muster aus Beinen und Körper erscheint. Eine mögliche Inspiration für das Motiv war ihm der Maler Odilon Redon, ein großer Kenner der Spinnenliteratur seiner Zeit, mit den Kohlezeichnungen *L'Araignée souriante* und *L'Araignée qui pleure*. Den Körper der lächelnden Spinne hatte er in eine Art Wuschelkopf mit einem koboldhaft wirkenden Gesicht aus Mund, Nase und zwei Augen verwandelt. Die Augen, aus denen die Tränen der weinenden Spinne quellen, gehören zu einem Wesen mit männlichem Gesicht. Nichts ist geblieben von den Kieferklauen, den Cheliceren, die bei den Spinnen unter den Augenpartien am Vorderkörper sitzen, nichts von ihren Tastern, den Pedipalpen, mit denen sie das Gelände erkunden, oder die Beute, die sie gerade gemacht haben.

Redons lachende und weinende Spinne wären sehr schlichte Vermenschlichungen geblieben, hätte er die seltsamen Wesen nicht mit sehr langen dünnen Laufbeinen ausgestattet. Sosehr sich die Körper vom Spinnenreich entfernen, so sehr bleiben sie durch die suggestive Mimikry dieser Beine mit den Illustrationen in naturkundlichen Büchern verbunden. Erst auf den zweiten Blick wird erkennbar, dass damit etwas nicht stimmt:

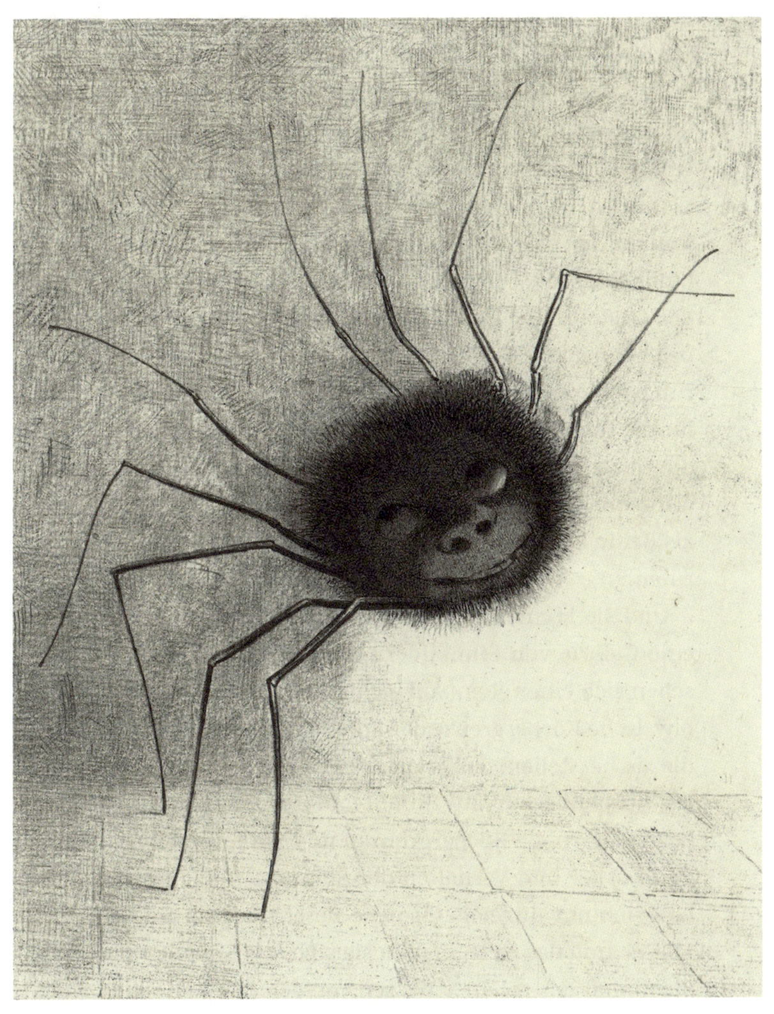

Woher hat sie nur ihre Zahnreihe? Odilon Redons Lächelnde Spinne *entstand 1888, sieben Jahre nach der* Weinenden Spinne, *die mit geschlossenen Lippen Tränen vergießt.*

Redons Spinnen sehen aus, als hätten sie nicht acht, sondern zehn Beine. Sie sind hybride Wesen, deren Physiognomien an die Welt der Menschen und deren Extremitäten an die Welt der Spinnen erinnern, die es aber nur auf den Kohlezeichnungen gibt, die bald als Lithografien zu kursieren begannen.

Die Spinnen in bildender Kunst, Literatur und Film bewohnen ihr eigenes Reich jenseits der Natur. Gern richtet die Einbildungskraft ihre Punktstrahler auf einzelne Elemente in der Gestalt oder Lebensweise der Spinnen, oft mischt sie dabei Ähnlichkeit und Entstellung zusammen. So kann das Paarungsverhalten der Schwarzen Witwe einen Projektionsraum für die Geschlechterspannung bei den Menschen ermöglichen, die Häutung der Spinnen als Modell der Regeneration erfasst werden oder der Umstand, dass die Spinnen ihre Artgenossen als Beute nicht verschmähen, den Begriff ›Kannibalismus‹ aufrufen.

Und sie können die Netze, die manche Spinnen weben, in eine Galerie von Sinnbildern verwandeln, in denen die Menschen sich einen Reim auf sich selber machen. Aber wo ist die physische Körpergrenze der Spinnen, gehören die Fanggewebe, die sie herstellen, zu ihrem Körper? Nein, sagen die Biologen, der Körper besteht aus Rumpf und Gliedmaßen. Die Fanggewebe erweitern die Körpergrenzen und Sinnesorgane, sie verbinden Körper und Verhalten der Spinnen. Die Einbildungskraft hält sich nur ungern an solche Bescheide. Sie neigt dazu, die Spinne und das Netz, in dem sie sitzt, als Einheit darzustellen. Sie nimmt das gelehrte Wissen von den Spinnen in ihr Stoffreservoir auf. Aber sie bleibt in der Regel der Alltagssprache verbunden, profitiert von überlappenden Wortfeldern, auf denen

Der flämische Gelehrte Anselmus Boëtius de Boodt zeichnete dieses Blatt mit Spinnen *in Prag. Er kannte die Kunst- und Wunderkammer des Kaisers Rudolf II., dessen Leibarzt er 1604 wurde.*

der Plural der Spinne und das Verb spinnen gleichlautend sind, das Spinnrad und die Spinne Nachbarn sind und das Spinnen auf das Garn zulaufen kann wie auf das ›Verrücktsein‹. Nicht in allen Sprachen ist die Spinne weiblich. Im Deutschen ist sie es so sehr, dass ›der Spinnerich‹ ungewöhnlicher klingt als ›die männliche Spinne‹. Im Italienischen heißt sie ›il ragno‹, ohne aber ihre Verbindung zur traditionell weiblich codierten Tätigkeit des Spinnens und Webens zu verlieren.

Seidene Fäden, unsichere Welt

Der römische Autor Lukrez erwähnt in seinem Lehrgedicht *De rerum natura* die feinen Fäden der Spinne, »die wir kaum spüren, wenn sie uns streifen«, sowie »das hauchzarte Netz«, das wir auch dann kaum bemerken, wenn es uns »auf den Kopf gesunken ist«. Was Lukrez schildert, lässt sich zweitausend Jahre später unmittelbar nachvollziehen. Auf den ersten Blick könnte es so scheinen, als zöge die Spinne den seidenen Faden, an dem sie in die Höhe klettert, in sich hinein. Tatsächlich wickelt sie ihn auf und nimmt ihn mithilfe ihrer Beine mit nach oben. Sie kann den Faden, den sie aus sich herausgesponnen hat, nicht in ihren Körper zurückholen. Mit dem Körper verbunden und doch von ihm ablösbar, sehr dünn, elastisch, hochgradig dehnbar und belastbar steht er im Zentrum dessen, was man das Weltverhältnis der Spinnen nennen könnte, klänge das nicht allzu sehr nach einem entwickelten Bewusstsein. Der seidene Faden spielt eine Schlüsselrolle, aus den Fäden, die sie hervorbringen, formen die Spinnen den Kokon, der ihre Eier umhüllt, zudem dient er der Erschließung und Aneignung der physischen Umgebung. Fäden dienen der Fortbewegung der Spinne, als Lauffäden im selbst gesponnenen Netz oder beim Abseilen. Sie können zum Lasso werden, das auf Beutetiere zuschnellt, zu Fesseln, die sie einschnüren. Haftfäden befestigen ein Netz an geeigneten Punkten im Raum. Kaum beginnt ein Beutetier, sich in einem Gespinst zu verheddern, stellen Signalfäden die

Verbindung zur Spinne her. Blitzschnell kann sie einen Sicherheitsfaden aus sich herausspinnen, wenn sie abzustürzen droht.

Faden ist nicht gleich Faden in dieser Fülle von Funktionen. Und nicht jedes Fanggewebe der Spinnen muss eine Netzform annehmen. Genauso erfolgreich wie die mit klebriger Substanz versehenen Fangfäden halten auch die zu einer Art Wolle ineinander verworrenen Kräuselfäden die Beutetiere, haben sie sich einmal verfangen, in den Gespinsten fest. Nicht der Netzbau, den nur einige Spinnenarten betreiben, ist das gemeinsame Charakteristikum der Webspinnen, sondern der seidene Faden, den alle zu produzieren in der Lage sind. Die Spinndrüsen im Hinterleib der Spinne erzeugen die Spinnseide zunächst in flüssiger Form als Gemisch von Proteinen mit einem hohen Anteil von Aminosäuren. So gelangt er in den Ausführgang der Drüse, der durch eine Art Ventil in die Spinnspulen mündet. Diese Spinnspulen sitzen auf den Spinnwarzen am Ende des Hinterleibs auf. Lange war es ein Rätsel, wie der Seidenfaden beim Verlassen der Spinnspule seine feste Form annimmt. Die naheliegende Deutung, dass ihn die Luft trocknet und verfestigt, konnte kaum erklären, wie das in der Geschwindigkeit möglich sein sollte, mit der die Spinnen in der Lage sind, den Seidenfaden aus sich zu entlassen. In jüngster Zeit hat sich die Erkenntnis durchgesetzt, dass der Übergang von der flüssigen in die feste Form im Ausführgang der Spinndrüsen erfolgt, durch eine ›Zugspannung‹, die in der Regel von den Hinterbeinen ausgeht, die den Faden aus der Spule herausziehen. Sie kann aber auch vom Körpergewicht der Spinne im Fallen oder einer Erhöhung des Drucks der Hämolymphe bewirkt werden, des Bluts der Spinnen.

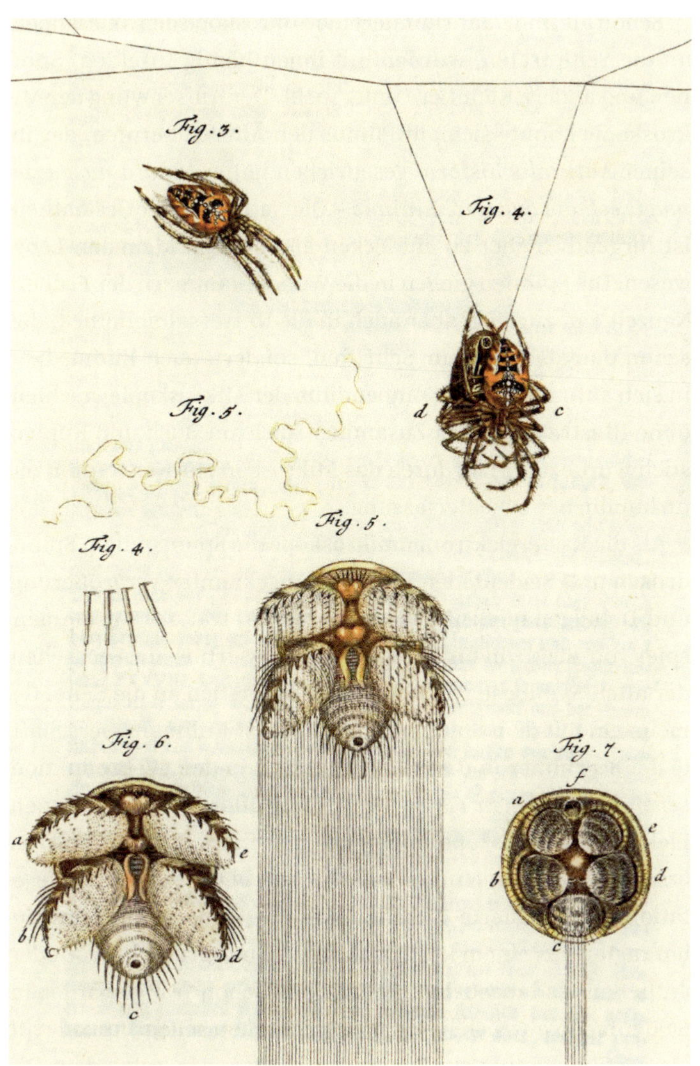

Keine populären Naturkunden ohne Illustrationen: In der Monathlich-herausgegebenen Insecten-Belustigung *des August Johann Rösel von Rosenhof (1705–1759) verbinden Ziffern Text- und Tafelteil.*

Schon als im 17. Jahrhundert die Mikroskope den Teleskopen an die Seite traten, wurden mit ihnen häufig Insekten, Spinnen und andere Kleintiere untersucht. Der Aufschwung der Mikroskopie konnte sich auf Plinius den Älteren berufen, der in seiner *Naturalis historia* geschrieben hatte: *Natura nusquam magis est tota quam in minimis* – Die Natur in ihrer Gesamtheit ist nirgendwo eher zu entdecken als in ihren kleinsten Lebewesen. Die Spinnen gingen in die Wunderkammern der Frühen Neuzeit ein, zugleich aber auch in die Universalbibliothek, die schon damals nicht nur Schriften, sondern auch Bildmedien in sich aufnahm. Kein Kompendium der Mikroskopie erschien ohne Illustrationen. Im Zusammenspiel von Buch und Kupferstich wurde der Blick durch das Mikroskop zur Konvention naturkundlicher Objekterfassung.

Als die Rasterelektronenmikroskope die Spinnspulen, Spinndrüsen und Seidenfäden in bisher ungekannter Vergrößerung und Detailgenauigkeit erfassen konnten, trat das Zusammenspiel von Elektronenmikroskopie und Tierfilm im Fernsehen der alten Symbiose von Buch und Kupferstich an die Seite. Gemeinsam mit dem Spinnenforscher Ernst Kullmann verschaffte der Tierfilmer und Autor Horst Stern in der TV-Produktion *Leben am seidenen Faden* (1975) den Bildern der modernen Elektronenmikroskope einen großen Auftritt. Die Spinnwarzen erschienen wie eine unterseeische, von einer exotischen Vegetation überwucherte Hügellandschaft. Wälder von Spinnspulen ragten aus einem kraterübersäten Untergrund hervor oder entließen als langstielige Röhren den schon fest gewordenen Seidenfaden aus sich heraus. Im mikroskopischen Dunkel tritt als vertikale Säule ein Fangfaden hervor, der unter dem Objektiv auf das Fünffache und schließlich Zehnfache seiner Ausgangsgröße gedehnt wird, ohne zu zerreißen, zunächst leicht gekräuselt, dann immer glatter, schlanker werdend. Das ›Cribellum‹ (wörtlich: kleines Sieb), mit dem die Kräuselspinnen die Fülle der überaus feinen trockenen Fäden erzeugen, die als Fangwolle die Beutetiere nicht mehr entkommen lassen, liegt da wie ein fransenbesetztes Futteral, das im nächsten Moment zur verschlingenden Öffnung werden könnte.

Die Sprache, in der Horst Stern die spektakulären Fotografien und Filmsequenzen kommentierte, stand in der großen naturgeschichtlichen Tradition beschreibender Prosa. Die Dehnungen und Einziehungen der Fangfäden, die den Aufprall eines ins Netz fliegenden Insekts abpuffern sollen, erläuterte er durch einen Hinweis auf ähnliche Effekte in der Technik von Sicherheitsgurten, die in der öffentlichen Debatte präsent waren, da für den 1. Januar 1976 die Anschnallpflicht auf Vordersitzen eingeführt wurde. Als Gegenüber von ›Wolle‹ und ›Leim‹ erläuterte er den Unterschied zwischen den trockenen Fäden, mit denen die ›cribellaten‹ Spinnen ihre Beute festsetzen, und den mit Klebstoff beschichteten Fäden der ›ecribellaten‹ Radnetzspinnen, die dem »Prinzip von Omas gutem alten Fliegenfänger« folgen. Das Verfahren, mit dem die cribellaten Spinnen die Masse von Einzelfäden mittels rascher Streichbewegungen der Hinterbeine und des ›Calamistrums‹, eine Art Kamm, schubweises zu »wahren Wollgebirgen« auftürmen, erinnerte ihn an das Toupieren der Frauenfrisuren seiner Zeit.

Sterns Vergleiche dienten der Veranschaulichung des Naturgeschehens, seine alltagsnahe Sprache war ein Präzisionsinstrument, mit dem er die jüngsten Einsichten der Spinnenfor-

Artifizielle Naturbilder als Inspirationsquelle der Avantgarde: Aus La Ilustración artística, *Zeitschrift für Literatur, Künste und Wissenschaften, die von 1892 bis 1916 in Barcelona erschien.*

scher popularisierte. Mit Bedacht hatte er den TV-Sendungen wie dem Begleitbuch den Titel *Leben am seidenen Faden* gegeben. Zum einen war damit einem Grundmotiv seiner Darstellung Rechnung getragen, die durchgängig gegen die allzu rasche Verknüpfung von Spinne und Netz dem Thema ›Spinne und Faden‹ großen Raum widmete. Zum anderen griff der Titel eine volkstümliche Wendung auf, die tief in die deutsche Sprachgeschichte hinabreichte. Der Seidenfaden ist darin der Lebensfaden par excellence, der Schicksalsfaden, den in der Antike die Parzen durchschnitten. Dabei bleibt jedoch offen, ob die Seide vom Maulbeerspinner stammt oder von einer Spinne.

Und in vielen Gedichten und Redewendungen muss der Faden gesponnen werden, ehe im zweiten Schritt das Weben folgen kann. Die Spinnen verknüpfen beide Wortfelder, ohne ihre Grenzen zu verwischen.

Sören Kierkegaard etwa hat in den *Diapsalmata ad se ipsum*, den aphoristischen Reflexionen, die sein Buch *Entweder – Oder* (1843) eröffnen, den Boden für sein Spinnengleichnis gut bestellt. Eben noch sah das Ich dieser Miniaturen in den Insekten, die im Augenblick der Befruchtung sterben, Sinnbilder für die Anwesenheit des Todes in den höchsten Genussmomenten. Dann war ihm zumute wie einer Figur, von der beim Schach der Gegenspieler sagt: Mit der kannst du nicht ziehen. Wenig später wie einem Buchstaben, der verkehrt in der Zeile steht. Schließlich vergleicht sein Ich die Unfruchtbarkeit seiner Seele mit dem nie gelösten Zungenband des Geistes, dem hinsterbenden Segenswunsch auf den Lippen eines Stummen. In diesem tonlosen Raum ist das Spinnengleichnis angesiedelt:

> *Was wird kommen? Was wird die Zukunft bringen? Ich weiß es nicht, ich ahne nichts. Wenn eine Spinne von einem festen Punkt sich in ihre Konsequenzen hinabstürzt, so sieht sie stets einen leeren Raum vor sich, in dem sie nirgends Fuß fassen kann, wie sehr sie auch zappelt. So geht es mir; vor mir stets ein leerer Raum; was mich vorwärtstreibt, ist eine Konsequenz, die hinter mir liegt. Dieses Leben ist verkehrt und grauenhaft, nicht auszuhalten.*

In diesem leeren Raum ist der Faden der Spinne nur scheinbar nicht vorhanden. Im festen Punkt, von dem der Absturz erfolgt, ist er vorausgesetzt, ebenso im Zappeln der Spinne, das keinen Halt finden kann. In Kierkegaards Denkbild bewirkt der

Faden, dass die Zukunft des Ich als fortwährender Blick in den Abgrund des leeren Raums erscheinen kann. Zugleich ist jede Verbindung des Fadens zum Netz als möglichem Rückzugsort gekappt. Das Bildfeld des Absturzes, das Kierkegaard auf diese Weise gewinnt, wird in das feste Reservoir der modernen Existenzphilosophie eingehen, bis hin zu Martin Heidegger.

Doch der Faden, den die Spinne aus sich herausspinnt, kann auch zum Sinnbild poetischer Produktivität werden, die allen Hindernissen trotzt. Der Amerikaner Walt Whitman, Herold des Selbstbewusstseins seiner Nation, hat das in dem Gedicht *A Noiseless Patient Spider* vorgeführt, dessen erste Entwürfe aus den Jahren des Bürgerkriegs stammen und das schließlich im Abschnitt *Geflüster des himmlischen Todes* in den *Leaves of Grass* (1881) seine endgültige Fassung erhielt.

Auch hier ist die Alltagsbeobachtung der Ausgangspunkt, auch hier gibt es den leeren Raum, aber anders als bei Kierkegaard rückt der Faden der Spinne ins Bildzentrum. Das hat seinen Grund. Seit je war der Faden ein naheliegendes Symbol der Dichtung. Leicht lässt er sich als Grundelement des Webens darstellen, aus dem der Text als Gewebe im Wortsinn hervorgeht. Whitman, mit dieser Tradition vertraut, meidet den direkten Vergleich von Spinne, die aus ihrem Körper den Faden, und Poet, der aus seinem Geist die Verszeilen hervorgehen lässt. Sein Gedicht taugt nicht als Verklärung der Naturpoesie, der unwillkürlichen organischen Produktivität. Es berichtet in seiner ersten Strophe, wie das Ich sich einprägte, wo die lautlose geduldige Spinne isoliert auf einem kleinen Vorsprung sitzt und wie sie zur Erkundung der leeren weiten Umgebung »Faden, Faden, Faden aus sich selbst herausschleuderte, / ihn immerfort abspulte, ihn immerfort unermüdlich losschnellte«. Nicht das Spinnen des Fadens stellt die Verbindung zum Ich des Dichters her, sondern der Versuch der Spinne, einen Anheftungspunkt für den Faden im weiten Raum zu finden. Sie untersteht dabei dem Gesetz der Wiederholung, wie Tantalus und andere Figuren der antiken Mythologie, denen die griechischen Götter die Strafen der ewigen Wiederkehr des Gleichen auferlegt haben. In der zweiten Strophe zeichnet das Ich nach, wie seine Seele dem Modell der Spinne folgt und in wagemutiger Exploration unaufhörlich Verbindungslinien in den unermesslichen Ozeanen des Raums sucht, »bis die nötige Brücke Gestalt annimmt, bis der dehnbare Anker greift, / Bis der Altweibersommerfaden, den du wirfst, irgendwo Halt finden wird, O meine Seele«. Dass der Zeitpunkt, an dem dieser Anheftungspunkt gefunden ist, außerhalb des Gedichts liegt, ist seine paradoxe Pointe. Sie unterstellt noch das gelungene Gedicht der Unverfügbarkeit des Gelingens.

Auch bei Whitman ist der Faden der Spinne vom Bild des Netzes isoliert. An das Spinnennetz lassen sich Geheimbundassoziationen anlagern, das Ensemble von Spinne und Einzelfaden, der seinen Anheftungspunkt finden muss, scheint zur Ausfantasierung von Ich-Figuren einzuladen, die dem Scheitern trotzen. In der europäischen Folklore und Legendentradition wird dieses Muster greifbar. Nicht lange vor Kierkegaard und Whitman hat der Romancier Walter Scott in seine *Tales of a Grandfather*, die in Übersetzungen auch auf dem Kontinent kursierten, die Spinnenlegende über Robert the Bruce aufgenommen, der im frühen 14. Jahrhundert als Robert I. König von Schottland war. Der Held der Legende ist nahe daran, sei-

Der schottische Held Robert Le Bruce sieht in dieser populären Darstellung aus, als habe er bereits Fernando Pessoa gelesen: »Die Spinne meiner Bestimmung / Webt Netze aus meinem Nicht-Denken«.

ne Versuche zur Wiederbefreiung Schottlands aufzugeben, ins Heilige Land zu ziehen und sein Leben im Kampf gegen die Sarazenen zu beschließen. Doch während er seinen Gedanken in einer Hütte nachhängt, bemerkt er über sich eine Spinne, die vergeblich versucht, ihr Netz an einem Balken zu befestigen. Als er sechs Versuche zählt, wird ihm bewusst, dass er selbst den Engländern und ihren Verbündeten sechs vergebliche Schlachten geliefert hat. Er beschließt, einen siebten Versuch zu wagen, wenn der Spinne ihr siebter Versuch gelingt. So geschieht es, »und von dieser Zeit an hatte er eben so wenig einen Unfall oder eine Niederlage erlitten, als er je vorher einen Sieg erringen konnte«. Die sprichwörtlich gewordene Formel, die Robert the Bruce zugeschrieben wurde, hat Walter Scott weggelassen. Sie lautet »If at first you don't succeed, try, try and *try again*« und nimmt die Formalstruktur von Samuel Becketts Negativierung aller Durchhalteparolen vorweg: »Ever tried. Ever failed. No matter. Try again. Fail again. *Fail better.*«

Durch die Betrachtung der Spinne überwindet Robert the Bruce den toten Punkt seiner Kampagne gegen die Engländer.

Dieses Gelingen enthält ein ästhetisches Potenzial: Ist nicht die Spinne, die an ihrem Faden auf und ab schwebt, an senkrechten Wänden und kopfüber an der Decke entlangläuft, eine Virtuosin der Bewegung im Raum, die den Gesetzen der Gravitation nicht zu unterliegen scheint und überall festen Halt findet? Was, wenn man sie von den Kierkegaard'schen Absturzbildern und der Whitman'schen Unverfügbarkeit der erfolgreichen Bewegung löst und nur das Gelingen inszeniert? Dann ist die Grundidee für *Spider-Man* gefunden. Er hat seinen Ort in der jüngeren Geschichte der amerikanischen Superhelden und zugleich in der Geschichte der Punktstrahler, mit denen die Einbildungskraft die Spinnen erfasst. In der Geschichte der Superhelden gehört er zu den mit Selbstzweifeln und Selbstironie ausgestatteten Figuren des Abschieds von der muskelbepackten Virilität und schieren Kraft. In *Spider-Man* steckt der Heranwachsende Peter Parker, ein in der Schule gehänselter Jugendlicher, dem bei einem Ausflug in ein Labor durch einen Spinnenbiss seine Doppelidentität zuwächst, die er eher zögernd annimmt und erprobt. Es ist für den Kern dieser Figur unerheblich, ob, wie im originalen Comic, eine atomar verseuchte oder, wie im späteren Film, eine genmanipulierte Spinne die Verwandlung auslöst. Entscheidend ist die Kombination von Fadenproduktion, vertikaler Bewegung und Anhaftungsfähigkeit, die es Spider-Man erlaubt, durch die Wolkenkratzerschluchten im Stadtraum von New York zu schwingen und überall sicher zu landen. Das ist der visuelle Kern der Figur, im ursprünglichen Comic wie in den Filmen und Videospielen. Die übermenschlichen Energien, die ihm der Spinnenbiss zuführt, gehen darin ein, ebenso der ›Spinnensinn‹ als sensorisches Frühwarnsystem. Im Comic führt Spider-Man die Fadenflüssigkeit, die er als naturwissenschaftlicher Nerd selbst hergestellt hat, noch in einer Art von Patronen mit sich. Im Film schleudert er sie aus dem Handgelenk aus sich heraus. Weil er eine Figur der Gefahrenabwehr ist, die ständig Risikozonen zu durchqueren hat, muss das in großer Schnelligkeit geschehen. Sein ›Webshooter‹ tilgt die Differenz von Faden und Netz und mit ihr die zeitgebundene Abfolge von Spinnen und Weben. In blitzartiger Geschwindigkeit wird der herausgeschleuderte Faden zum Netz, mit dem Spider-Man einen Gegner fesselt oder den freien Fall der von einer Brücke herabgestürzten Freundin aufzuhalten sucht. Seine faden- und netzgestützte Bewegung im Stadtraum ist von einer ins Extrem getriebenen Elastizität abgefedert und mit der Fähigkeit zum Hochlaufen an den Außenwänden von Gebäuden und glatten Oberflächen kombiniert. Hierbei ist die Haftkraft, die Adhäsion entscheidend. Bei den Spinnen wird sie durch die feinen Hafthaare an den Endgliedern ihrer Beine befördert. Vor allem aber wirkt die Gravitation nur schwach auf sie ein, da sie kleine

Nicht das Gift, sondern das Spinnenwesen aus Netzbau und Bewegung geht in Spiderman ein. Das Comiccover aus dem Jahr 1964 zeigt ihn als Hybridwesen aus Spinnenmaske und Menschengestalt.

Tiere sind. Spider-Man ist das nicht. Er trägt seinen Namen zu Recht. Seine selbst entworfene, wie eine zweite Haut eng anliegende Ganzkörpermaske verhüllt seine zivile Identität, nicht aber seine menschliche Gestalt. Ein offensives Bekenntnis ist diese Maske, mit ihrem Netzmuster und der Spinne, die ihm auf der Brust sitzt. Aber er hat nicht acht Beine, sondern zwei, und nicht acht – oder sechs –, sondern nur zwei Augen, die auf der Gesichtsmaske aufgemalt sind und mit denen er unter der Maske mit gesteigerter Sehschärfe auf die Welt blickt. In der Signalfarbe Rot mit Einsprengseln von Blau springt er auf dem Cover des Comic *The Amazing Spider-Man* vom Dezember 1964 durch das Loch in einem Spinnennetz auf das Publikum zu, die Menschenbeine voran. So unterliegt seine gesamte Existenz dem Apriori der Kombination von spinnenhaften Fähigkeiten und menschlicher Gestalt. Peter Parker kann von Queens nach Brooklyn umziehen, er kann divers besetzt werden, geschieden werden und wieder heiraten. Aber nie wird er in eine Spinne verwandelt werden, nie den Monsterspinnen begegnen, die durch die Horrorfilme ziehen. Nicht zuletzt darauf beruht sein Erfolg im Universum der modernen Superhelden.

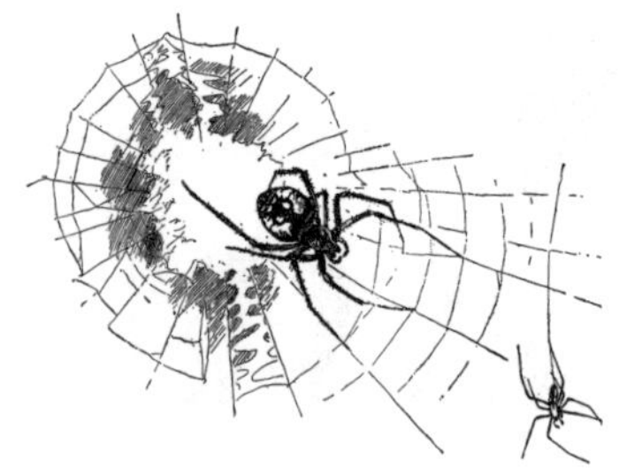

Anansi und Arachne

Er ist eine Trickster-Figur wie Reineke Fuchs in Europa oder der Kojote bei den indigenen Völkern Nordamerikas. Anansi entstammt der mündlichen Erzähltradition in Westafrika und sein Name bedeutet in Twi, der Sprache der Aschanti, ›Spinne‹. Die Bilder, die von ihm kursieren, sind durch diesen Namen geprägt. In einer der vielen Geschichten, die über ihn erzählt werden, heißt es: »Seine Weisheit ist größer als die der gesamten Welt.« Das klingt, als sei er der Abgesandte einer mythischen, ahistorischen Vorzeit.

Trickster-Figuren blühen im Allgemeinen in hierarchischen Ordnungen mit strengen sozialen Regeln auf. Anansi gewann an Profil im Königreich der Aschanti, das seit dem späten 17. Jahrhundert fast das gesamte Territorium des heutigen Ghana kontrollierte und im 19. Jahrhundert mehrfach militärische Konflikte mit Großbritannien ausfocht, ehe es um 1900 zum britischen Protektorat wurde. Das Königreich verkaufte Gold, Elfenbein und Kolanüsse, war aber auch am Sklavenhandel beteiligt.

Anansi hat Zugang zu Nyame – das höchste Wesen, die älteste Gottheit, die im Himmel residiert und Herr über Regen und Sonne, Leben und Tod ist, der Urheber aller Krankheiten und Heilmittel –, ist aber selber keine Gottheit, sondern Mittlerfigur zwischen Himmel und Erde, Natur und Kultur, Leben und Tod. Er verdankt seine Vitalität nicht dem Ritual, sondern dem Erzählen und Erzähltwerden. Er verfügt über Wissen und Klugheit, ist aber eher ihr Usurpator und Dieb als ihre legitime Verkörperung. Er stellt die Klugheit in den Dienst seiner Unberechenbarkeit, der schamlosen Selbstsucht, der Täuschungen und des Betrugs, seine Listen dienen dem eigenen Vorteil. Er lebt vom Bruch der strengen sozialen Regeln, denen die Aschanti in ihrem Alltag zu folgen haben.

Erst nach Einbruch der Dunkelheit ist es erlaubt, eine Geschichte über ihn zu erzählen, und jeder Erzähler schickt ihr voraus, dass sie nicht der Wahrheit entspricht. Durch diese Konventionen gerahmt, wird er zum Trickster, der selbst die oberste Gottheit, den König und die Regeln des sozialen Zusammenlebens brüskiert. In einer Hungersnot plündert er die Vorräte der Gemeinschaft. Wenn er Notleidenden hilft, hat er meist den eigenen Vorteil im Auge. Anansi bringt Unruhe in die Beziehungen zwischen den Aschanti und ihren Göttern wie in das Zusammenleben der Menschen. Er ist eingebettet in die rhetorische Dimension der Aschanti-Kultur, in das Geflecht der Wortspiele und Sprichwörter, in die Routinen der Konfliktlösung durch Debatten, in lange verbale Auseinandersetzungen. Streng ist in der symbolischen Ordnung das Dorf von der Wildnis als der Sphäre des Todes und des Unreinen geschieden. Auch diese Grenze respektiert Anansi nicht. Er betreibt die Subversion der politischen, sozialen und spirituellen Ordnung einschließlich des Ahnenkults, ohne sie jenseits des Rahmens, in dem er in den Erzählungen lebt, grundsätzlich infrage zu stellen. Oft verliert er, was er durch Betrug gewonnen hat. Manchmal wird er bestraft oder verliert gar sein Leben.

Vom 16. Jahrhundert bis zum 19. Jahrhundert wurden Menschen aus den Akan-Völkern Westafrikas, zu denen die Aschanti gehören, versklavt und in die Karibik verschifft, vor allem nach Jamaika. Anansi überquerte mit ihnen den Atlantik und wurde Erzählstoff in den Plantagen. In der Populärkultur Jamaikas verblasste seine Spinnennatur. Er wurde mehr und mehr zur Verkörperung der aus Afrika gestohlenen Sklaven selbst und forderte als Trickster die Mächte einer von außen aufgezwungenen Ordnung heraus, führte Strategien des Überlebens und des physischen Widerstands vor, brachte Chaos in eine tyrannische Ordnung. Anansi blieb in seiner transatlantischen Metamorphose eine vitale Figur bis in die Comics der Gegenwart und in die postkoloniale Geschichtsschreibung hinein. Die westafrikanischen Geschichten wurden seit dem späten 19. Jahrhundert in schriftliche Anthologien überführt. Sie bezeugen die transkontinentale und Kulturen überspannende Verknüpfung der Spinnen und ihrer Fäden mit dem Erzählen.

In der Mythologie der griechisch-römischen Antike bezeugt die Weberin Arachne, die von Athene in eine Spinne verwandelt wird, die Strenge, Willkür und Grausamkeit der olympischen Götter. In seinen *Metamorphosen* hat der römische Dichter Ovid diese Geschichte so detailreich, drastisch und kunstvoll erzählt, dass sie zu einer der wirkungsmächtigsten der europäischen Literatur wurde.

Der Strafe, die Arachne erleidet, geht eine doppelte Herausforderung voran. Zunächst begnügt sich die junge Weberin niederer Herkunft nicht mit dem Ruhm, den sie sich in ihrer lydischen Heimat durch ihre Kunstfertigkeit erworben hat. Statt die Mutmaßung, Pallas Athene selbst, die Schirmherrin ihrer Kunst, müsse ihre Lehrerin sein, als höchstes Lob zu begreifen, fordert sie die Göttin zum Wettstreit heraus. Schon das allein – die Göttin als Irdische besiegen zu wollen – ist Frevel. Athene tritt ihr zunächst als alte Frau verkleidet gegenüber, spart mit Warnungen nicht, die Arachne brüsk abweist. Daraufhin tritt die Göttin aus der Verkleidung hervor und nimmt den Wettstreit an. Als die Webstühle aufgestellt sind, die Ovid wie den Vorgang des Webens selbst in großer Detailfülle vor Augen stellt, besiegelt die zweite, noch weit kühnere Herausforderung das Verderben Arachnes. Die ungleichen Rivalinnen erzählen in ihren Geweben, für die sie purpurgefärbte, goldene, das Spektrum des Regenbogens nachbildende Fäden verwenden, Geschichten der Vorzeit, in denen die Götter im Mittelpunkt stehen. Athene agiert in eigener Sache, sie stellt ihren Sieg im Wettstreit mit Poseidon dar und versieht die vier Ecken ihres Gewebes mit warnenden Erzählungen von Menschen, die ein klägliches Schicksal erleiden, weil sie es wagten, sich mit den Göttern zu messen. Alles, was Arachne nun webt, wird zur Replik. Ihre Göttergeschichten zeigen, wie Jupiter, Neptun und Apoll in Episoden, die Ovids Leser bereits kennen, sich durch List, Betrug und Gewalt irdischer Frauen bemächtigen. Wie zum Hohn von einer dekorativen Bordüre eingefasst, zeigt Arachnes Gewebe die Untaten der Götter als vollendetes Kunstwerk, an dem selbst die Göttin nichts tadeln könnte. Doch Athene, die männlichste aller olympischen Göttinnen, kann weder die Vollkommenheit des Menschenwerks anerkennen noch die Bloßstellung der Götter tolerieren. Ergrimmt schlägt sie mit der Buchsbaumspindel ihres Webstuhls auf die Konkurrentin ein, die sich nach dieser Demütigung mit einer Schlinge erhängen will. Athene hält sie auf, aber nur, um

Wie man den entscheidenden Moment ins Bild setzt, zeigt Antonio Tempesta in seinem Kupferstich Arachne wird von Athene in eine Spinne verwandelt *(1606). Man achte auf die Hände der Weberin!*

ihre Herausforderin und alle ihre Nachkommen der Strafe ewigen Hängens zu überantworten. Sie übersprüht Arachne mit einem Zaubermittel, das binnen Kurzem Haare, Nase und Ohren verschwinden, den Kopf winzig werden, den gesamten Körper zusammenschrumpfen und winzige Finger an die Stelle der Beine treten lässt: »Sonst ist alles nur Bauch. Aus dem noch sendet sie immer / Fäden und fügt mit Fleiß als Spinne die alten Gewebe.«

Anders als der listige Trickster Anansi ist Arachne eine weibliche Herausforderin der Götter, denen sie ihre Untaten an Frauen vorhält. Sie ist von weiblichen Figuren umgeben, die wie sie den Webstuhl zum Selbstschutz oder als Instrument der Anklage einsetzen: von Penelope, die durch das Weben und Auflösen des Gewebes Distanz zu den Freiern hält, und von Philomela, die im gewebten Tuch von ihrer Vergewaltigung und Verstümmelung berichtet, nachdem der thrakische König Tereus ihr die Zunge herausgeschnitten hat, um eben dies – dass sie seine Taten erzählt – unmöglich zu machen. Mit der Geschichte Arachnes beginnt das sechste Buch in Ovids *Metamorphosen*, mit der Geschichte Philomelas geht es auf sein Ende zu. Beider Gewebe ist imprägniert mit Erfahrungen der Gewalt. Aber Arachne erzählt nicht ihre eigene Leidensgeschichte, sondern die der Frauen innerhalb der Weltordnung der olympischen Götter. Daraus scheint kein Weg an die Seite des Tricksters Anansi zu führen. Keine List hilft ihr gegen das Urteil Athenes. Nie, auch in modernen Zeiten nicht, wurde ihr eine Hymne von der Art gewidmet, wie sie Goethe Prometheus in den Mund legte, nie eine Apologie ihrer Wendung gegen die Götter verfasst, die ihre Bestrafung hätte überstrahlen können. Und doch ist Arachne eine Kippfigur, deren Ambivalenz auf die Spinne abstrahlt. Ovids kunstvolle Erzählung sorgt dafür, dass Athene mit dem Urteil, das sie über Arachne verhängt, nicht das letzte Wort hat. Sie mag als göttliche Schirmherrin der Webkunst die Vermessenheit der Sterblichen bestrafen, kann aber den Spiegel, den Arachne den Gewalttaten der Götter vorhält, nicht aus der Welt schaffen.

Das Spinnennetz und seine Schatten

Die Antwort auf die englische Rätselfrage ›Why did the fly fly?‹: ›Because the spider spie'd her‹ ist nicht weit entfernt von der These, die aktuelle Einführungen in die Arachnologie zum Zusammenhang der Evolution von Spinnen und Insekten vorschlagen. Sie besagt zum einen, dass bei den am Boden lebenden Insekten die Entwicklung von Flügeln nicht zuletzt eine Reaktion auf den tödlichen Druck der Spinnen war. Und zum anderen, dass die Spinnen auf die Flugfähigkeit der Insekten mit der Entwicklung ihrer Fangnetze reagierten, deren Grundmuster sich in einer enzyklopädischen Fülle artspezifischer Ausprägungen zeigt.

Seit je hat das Radnetz, das bei geringstmöglichem Materialverbrauch die größtmögliche Fläche bedeckt, bei den Menschen die meiste Aufmerksamkeit gefunden. Vielleicht, weil es so viele Angebote macht, in der Natur Elemente der menschlichen Kultur wiederzuerkennen. Es gibt in der Natur keine Formvorbilder für das Rad als Fortbewegungs- und Transportmittel. Aber wenn es in der Welt ist, ähneln seine Speichen den Radien eines Spinnennetzes und seine Nabe dem zentralen Punkt im Netz, von dem die Radien ausgehen.

Spinnen haben keine Hände und bauen ihre Netze durch das Zusammenspiel von Spinndrüsen, zentralem Nervensystem und Fortbewegungsgliedmaßen, ganz ohne Zuhilfenahme eines externen Werkzeugs. Viel mehr als Anknüpfungspunkte,

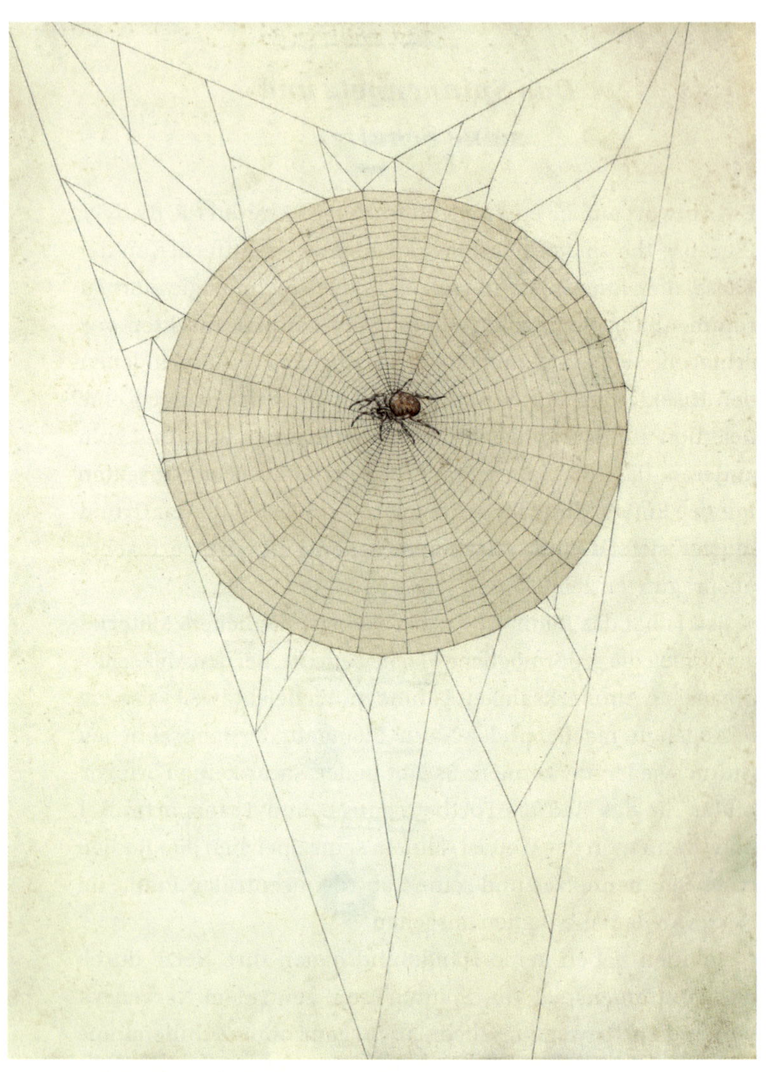

Wie dieses Spinnennetz gingen viele Illustrationen aus Conrad Gessners großer Historia animalium *(1551–1558) in das Kunst- und Naturalienkabinett des Baseler Arztes Felix Platter (1536–1614) ein.*

etwa einen Zweig oder Grashalm, braucht ein Radnetz nicht. Während die Spinne im entstehenden Netz hin und her läuft, produziert sie unablässig neues Fadenmaterial. Zuerst entsteht die Y-förmige Grundstruktur, deren Schenkel die ersten drei Radialfäden, die ›Speichen‹ bilden. Den nach unten weisenden Faden muss sie irgendwo anheften, ehe sie ins Zentrum des Y, zur künftigen ›Nabe‹ zurückkehrt, weitere Radien einzieht und zugleich Rahmenfäden baut, die an die Anknüpfungspunkte führen. Die Rahmenfäden, die Speichen, die Hilfsspirale, die eingewebt wird, um die klebrige Fangspirale von außen nach innen einziehen zu können, ehe sie wieder abgebaut wird, sie alle tragen nicht nur zur Stabilität des Netzes bei, sondern auch zu seiner Elastizität. Es muss nachgiebig und dehnbar sein, damit die Beute unweigerlich in ihm hängen bleibt, statt durch ihren Aufprall zurückgestoßen zu werden.

Wenn die Beute sich verfangen hat, macht das Netz der Spinne sogleich Mitteilung und sie kann sich in Bewegung setzen, um das festgesetzte Tier durch Gift zu lähmen oder zu töten. Seine Eigenschaften werden durch die der Seidenfäden bestimmt. Die weit überwiegende Zahl der Radnetzspinnen webt klebrige Fangfäden ein, ohne beim Laufen durch das eigene Netz selbst an ihnen haften zu bleiben. Stets sind die Netze nicht nur Instrumente der Jagd, sondern zugleich selbstgeschaffene Infrastruktur der Bewegung im Raum.

Die Bilder von Spinnennetzen sind älter als die Mikroskopie. Auf einer Illustration aus dem Jahr 1473 zu Giovanni Boccaccios etwa hundert Jahre zuvor erschienenen Buch *De mulieribus claris* (›Von berühmten Frauen‹) hängt Arachne mit gebrochenem Genick als Selbstmörderin an einem Baum. Der Webstuhl zu ihrer Linken verweist auf die Vorgeschichte, in der sie durch ihre Hybris ihr Verderben herausforderte, das Radnetz zu ihrer Rechten auf ihre Zukunft. In die Mitte des kreisförmigen Netzes hat der Ulmer Drucker Johann Zainer das Körperschema einer Spinne gesetzt. Arachnes Kunstfertigkeit, über die Boccaccio durchaus lobende Worte verliert, überlebt allein in der geometrischen, konzentrischen Kreisform. Nichts bleibt in diesem Strukturmuster von den Bildern, mit denen Arachne die Götter angeklagt hat.

Nicht zuletzt ihre Autonomie, das Herausspinnen des Fadens aus sich selbst, macht die Spinne verdächtig. Es ist bemerkenswert, wie nachhaltig in Europa das Spinnennetz als metaphorische Ressource zur Diskreditierung von Leichtigkeit und Schwerelosigkeit genutzt wurde. Die moralischen Urteile über die nichtigen Gewebe der sündigen Menschen, die schon ein leiser Windhauch Gottes zerstäubt, standen an der Seite der philosophischen Kritik des glanzvollen, aber substanzlosen Denkens. Da es aber nicht irgendein abstrakter Stolz war, der Arachne ins Verderben stürzte, sondern der Stolz auf ihr Handwerk, die Webekunst, blieb es immer eine Option, in Arachne und im Netz der Spinnen die Geschichte der produktiven statt der unfruchtbaren menschlichen Arbeit zu spiegeln.

Die Allegorie der ›Industria‹, des Gewerbefleißes, die Paolo Veronese zwischen 1575 und 1577 in die Kassettendecke der Sala del Collegio im Dogenpalast von Venedig malte, ist für Besucher weit entfernt. Die Kunsthistoriker und Kulturwissenschaftler haben die kostbar und elegant gekleidete Frauenfigur näher herangeholt, die am Fuß einer mächtig aufragenden Marmorsäule ihr geometrisches Radnetz einem leicht bewölkten blau-

Arachnes Selbstmord in Johann Zainers holzschnittgeschmückter Ausgabe von Giovanni Boccaccios De mulieribus claris, *gedruckt 1473 in Ulm als eines der frühesten profanen Bücher der Druckgeschichte.*

en Himmel entgegenstreckt, und gezeigt, dass hier über dem Schauplatz der politischen Entscheidungsfindung das Versprechen ökonomischer Prosperität ins Bild gesetzt ist. An einem Stab, den die junge Frau in der rechten Hand hält, hat das Netz seinen Aufhängepunkt, auf die Finger ihrer linken Hand laufen die Rahmenfäden zu. Zwischen ihren Händen ist – in den Worten Sebastian Gießmanns – »ein kleines euklidisches Programm« aufgespannt, in dem die Kreisform des Radnetzes, Dreieck, Parallelogramm und Trapez enthalten sind. Die allegorische Figur, die mit prüfendem Blick die Konstruktion über sich hält, ist mit der kleinen Spinne im Bunde, die in der Nabe des Netzes sitzt. Die vormals diskreditierte Leichtigkeit und Schwerelosigkeit des Spinnennetzes erscheint nun als Versprechen. Zu seinen Haltepunkten in der Wirklichkeit Venedigs gehören neben dem geometrischen Wissen, das nicht zuletzt für die Kunst der Perspektive in der Malerei unabdingbar ist, die Manufakturen, der Handel und das Tuchgewerbe, aus dem kostbare Stoffe wie die hervorgehen, mit denen Veronese die ›Industria‹ ausgestattet hat. Neben ihr steht ein Nähkorb.

Die Spinnen wurden, anders als die Ameisen und die Bienen, kaum einmal mit dem Begriff des Staates verknüpft, umso auffälliger ist ihre Verbindung mit der Geschichte der menschlichen Arbeit. In Ovids Erzählung übt die zur Spinne verwandelte Arachne ein Doppelhandwerk aus, das Spinnen und das Weben, wenn auch ohne Hände, ohne Spinnrad und ohne Webstuhl. Dem Gewerbefleiß der Frühen Neuzeit, den Veronese ins Bild setzte, folgte die Revolutionierung des Handwerks im Zeitalter der Mechanisierung. Aus der klassischen ›industria‹ wurde die ›industry‹. Die ›spinning jenny‹ wurde zu einem ihrer Symbole, weil die Textilindustrie zu den dynamischen Innovationszentren und Schlüsselindustrien des Maschineneinsatzes zählte.

Als auf Beute lauernde Einzelgängerin, die auch Exemplare der eigenen Art nicht verschmäht und nur in Ausnahmefällen gesellige Lebensformen mit ihresgleichen entwickelt, führt Alfred Brehm die Spinne im Kapitel über die Webspinnen in seinem *Thierleben* ein. Doch rasch rückt sie an den Plural heran: »Die Spinne gehört zu den armen Webern, und arbeitet wie diese, um sich den Lebensunterhalt zu erwerben.« Der künftige Zoologe und Schriftsteller Alfred Brehm war fünfzehn Jahre alt, als Heinrich Heine im Sommer 1844 sein Gedicht *Die schlesischen Weber* publizierte. Der Aufstand, dem es eine literarische Stimme gab, indem es die Weber in der ersten Person Plural sprechen ließ, war ein Medienereignis und führte weit über Preußen hinaus zu öffentlichen Debatten, die noch den Bearbeitern der späteren Auflagen von *Brehms Thierleben* gegenwärtig gewesen sein dürften.

In England, dem Mutterland der Industriellen Revolution, war der schottische Autor Thomas Carlyle schon im frühen 19. Jahrhundert deutlicher geworden. In seinem Roman *Sartor resartus. The Life and Opinions of Herr Teufelsdroeckh* (1833/34) verknüpfte er die Heldin Ovids assoziativ mit den Arbeitermassen in den modernen Fabriken. Das Hauptwerk des deutschen Professors Teufelsdroeckh, den Carlyle als Kenner von Goethe, Schiller und Jean Paul entwarf, ist die Abhandlung ›Die Kleider, ihr Werden und Wirken‹. Das klingt nach der Verschrobenheit, für die deutsche Professoren nicht nur in England berühmt waren (Teufelsdroeckh lehrt an der Universität ›Weißnichtwo‹), ist aber keine schlechte Motivwahl für einen zeitkritischen Roman in England um 1830. Zu den Fragmenten, Skizzen und Entwürfen, die der Hofrat Heuschrecke, Teufelsdroeckhs Herausgeber und kritischer Kommentator, dem Publikum zugänglich macht, gehören auch ›Verstreute Gedanken über die Dampfmaschine‹. »Sollen wir«, fragt sich Carlyles Erzähler, »vor Tuchgeweben und Spinnweben zittern, mögen sie nun von Arkwrights Webstühlen gewoben sein oder von den lautlosen Arachnen, die in unserer Phantasie unermüdlich weben?« Die gefährliche Nähe,

Dieses Frontispiz des Illustrators Bruce Horsfall gehört zu einem der spinnenfreundlichsten Bücher der modernen Literatur: Alice Jean Pattersons The Spinner Family *aus dem Jahr 1903.*

in die Ovids Heldin und mit ihr die Welt der Einbildungskraft hier zur Mechanisierung gerät, entsteht nicht von ungefähr.

Richard Arkwright hatte 1769 in England das Patent für eine wasserbetriebene automatische Spinnmaschine angemeldet. Als »unstreitig der größte Dieb fremder Erfindungen und der gemeinste Kerl« unter den Erfindern des 18. Jahrhunderts taucht er im *Kapital* von Karl Marx häufig auf, wenn es um die Herausbildung des Fabrikregimes geht. Wie sehr Marx der Textilindustrie, sowohl der Spinnerei wie der Weberei, eine Schlüsselfunktion für den Gesamtprozess der Umwälzung der Produktionssphäre zumaß, zeigen schon die Beispiele, an denen er seine Arbeitswertlehre erläuterte: »Rock und Leinwand«. Auf den ersten Blick scheint es, als schütze er die Weberin Arachne davor, je außerhalb der Mythologie in eine zu unablässiger Tätigkeit verurteilte Spinne verwandelt werden zu können:

> *Eine Spinne verrichtet Operationen, die denen des Webers ähneln, und eine Biene beschämt durch den Bau ihrer Wachszellen manchen menschlichen Baumeister. Was aber von vornherein den schlechtesten Baumeister vor der besten Biene auszeichnet, ist, dass er die Zelle in seinem Kopf gebaut hat, bevor er sie in Wachs baut.*

Der Naturzwang, unter dem Spinne und Biene arbeiten, kehrt aber in Marx' *Kapital* in moderner Form zurück und mit ihm die Mythologie. Zyklopische Kräfte sind im Kapitel »Maschinerie und große Industrie« am Werk. Als unheimlicher Doppelgänger tritt die Maschine dem Arbeiter gegenüber, als »tote Arbeit«, die ihn in einen Automaten verwandelt, auf sein Nervensystem und alle seine Sinnesorgane zugreift, ihn beherrscht und wie ein Vampir aussaugt. Nicht weniger unerbittlich als das Zauberkraut, das Athene über Arachne ausschüttet, setzt bei Marx das Fabriksystem die Metamorphose in Kraft, in der die Arbeiter zu »lebendigen Anhängseln« des toten Mechanismus schrumpfen. Und er vergisst nicht zu erwähnen, wie John Wyatt 1735 seine Spinnmaschine ankündigte: Sie sei eine Maschine, »um ohne Finger zu spinnen«. In dieser Formel kündigt sich die Krise der Handarbeit in den Textilmanufakturen an.

Lang ist die Liste der Gedichte, Fabeln und Merksprüche, in denen der ›Seidenwurm‹ – ähnlich wie die Biene – als genügsam-nützliches Lebewesen gegen die Spinne ausgespielt wird, die allein im Eigeninteresse ihre mörderischen Gespinste webt, die deshalb zu Recht von stärkeren Kräften zerrissen werden. Zugleich hatte es in der Frühen Neuzeit immer wieder Versuche gegeben, Spinnen als Seidenproduzenten nutzbar zu machen. Als in Jonathan Swifts Roman *Gullivers Reisen* der Held die Große Akademie von Lagoda besucht, trifft er dort nicht nur auf einen Architekten, der beim Hausbau mit dem Dach anfangen und dann bis zum Fundament nach unten bauen will und seine Methode unter Berufung auf die Bienen und Spinnen anpreist. Er gelangt zudem wenig später in ein Zimmer, dessen Wände und Decke ganz von Spinnweben bedeckt sind. Der Gelehrte, der dort experimentiert, beklagt, dass die Welt so lange in dem Irrtum befangen gewesen sei, Seidenraupen zu benutzen, während es doch in den Häusern eine große Menge von Tieren gäbe, die sowohl zu weben als auch zu spinnen verständen. Swifts Professor war eine Satire nicht nur auf die Experimentkultur der Royal Society in London, sondern zugleich auf die ökonomische Projektemacherei. Gegenstandslos

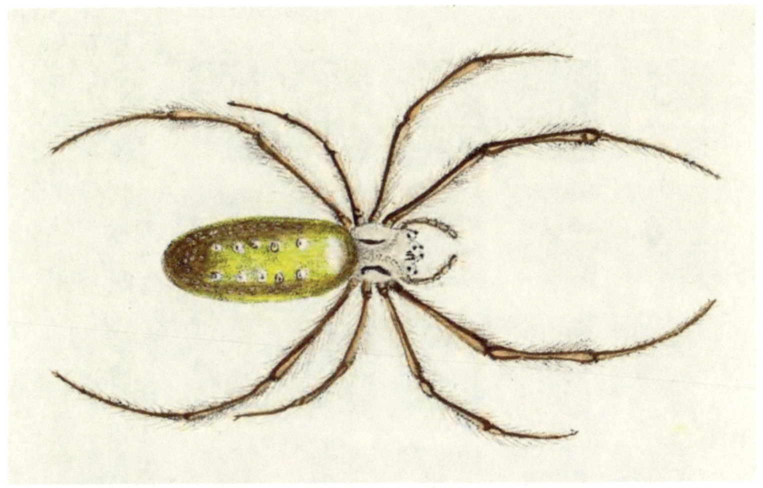

Erbauerin weitgespannter Netze mit einem Durchmesser von bis zu zwei Metern: die Goldene Seidenspinne (Trichonephila clavipes), *deren Weibchen eine Größe von 4 Zentimeter erreichen können.*

war sie nicht. Doch in England wie in Frankreich scheiterten alle Versuche, europäische Spinnen nachhaltig zu Nutztieren zu machen.

Für eine ökonomisch tragfähige Spinnseidenproduktion hätte es nach Berechnungen des Physikers René Antoine Ferchault de Réaumur einer absurd großen Zahl von Spinnen bedurft. Immerhin wurde bei den Versuchen klar, dass sich die Seide nicht nur aus den Kokons der Spinnen gewinnen, sondern direkt aus ihren Spinndrüsen herausziehen ließ. Und Réaumur hatte seinem Befund ausdrücklich die Einschränkung hinzugefügt, es könne außerhalb Frankreichs Spinnen geben, die dem Spinnseidenprojekt Möglichkeiten eröffneten.

Seidenproduktion in Madagaskar: Die Nephilas *des Missionars Paul Camboué in ihren Kästen, vorgeführt im* Bulletin des soies et des soieries de Lyon *im Januar 1900.*

Der französische Kolonialismus schuf die Voraussetzungen für eine Neuaufnahme der Versuche. Als Madagaskar 1896 nach langen Rivalitäten mit England französische Kolonie wurde, begann wenig später der Missionar Paul Camboué im heutigen Antananarivo, die *Trichonephila inaurata*, die eine

Körpergröße von bis zu vier Zentimetern erreicht und Netze von mehreren Metern Durchmesser baut, für die Seidenproduktion einzusetzen. Das Projekt war von Bildreportagen und einer Fülle von Publikationen begleitet. Sie zeigten die setzkastenähnlichen Konstruktionen, in denen die Spinnen zwischen Vorder- und Hinterkörper eingeklemmt wurden, die Apparaturen, mit denen die Spinnfäden von bis zu 24 *Trichonephilas* zusammengeführt und auf eine Spule geleitet wurden. Madegassische Mädchen wurden zum Sammeln und zum Verspinnen der in der Landessprache *habalés* genannten Spinnen eingesetzt. Im Sommer 1898 wurden 30 000 Spinnen gesammelt, die 175 000 Meter Spinnseide lieferten. Probestücke, darunter ein Baldachin, der durch den Transport viel von seinem goldgelben Glanz verlor, wurden zur Weltausstellung des Jahres 1900 nach Paris geschickt. Die Zeitung *Le Matin* hob in ihrem Bericht hervor, dass die zu Beginn amateurhafte Konstruktion des Père Camboué auf das Niveau mechanisch-industrieller Standards gehoben worden sei. Doch wurde auch diese in die Kolonie verlagerte Spinnseidenindustrie bald eingestellt. Was in den Archiven von ihr überliefert ist, würde in Thomas Carlyles Dämonologie der Mechanisierung passen und zu den Passagen, in denen Karl Marx die Einfügung von Körpern in die Fabriksysteme des 19. Jahrhunderts beschreibt.

Während die Integration realer Spinnen in die Textilindustrie des 19. Jahrhunderts Episode blieb, avancierte das Spinnennetz zu einer Zentralmetapher in der Beschreibung und Reflexion der technisch-industriellen Zivilisation. Walther Rathenau, Sohn des AEG-Gründers Emil Rathenau, in seinem Essayband *Zur Kritik der Zeit* (1912):

> *In ihrer Struktur und Mechanik sind alle größeren Städte der weißen Welt identisch. Im Mittelpunkt eines Spinnwebes von Schienen gelagert, schießen sie ihre versteinernden Straßenfäden über das Land. Sichtbare und unsichtbare Netze rollenden Verkehrs durchziehen und unterwühlen die Schluchten und pumpen zweimal täglich Menschenkörper von den Gliedern zum Herzen. Ein zweites, drittes, viertes Netz verteilt Feuchtigkeit, Wärme und Kraft, ein elektrisches Nervensystem trägt die Schwingungen des Geistes.*

Auch wenn der Begriff ›Netz‹ seit geraumer Zeit alltagssprachlich mit dem Internet und der digitalen Kommunikation verschmolzen ist, zeigt sich hier seine Vorgeschichte in den Wegenetzen, Eisenbahnnetzen und Telefonnetzen. Bis weit ins 19. Jahrhundert verstand man unter ›Kommunikation‹ nicht lediglich den Austausch sprachlicher oder visueller Zeichen, sondern zugleich die Transportmedien. In der digitalen Web-Metaphorik ist das Bild des Spinnennetzes verblasst. Beim Ausgang aus der analogen Welt war es noch gegenwärtig.

Als in den letzten Jahrzehnten des 20. Jahrhunderts die Bits und Bytes in die Alltagssprache Eingang fanden, bereitete der italienische Schriftsteller Italo Calvino die Charles Eliot Norton Lectures vor, die er im Wintersemester 1985/86 an der Harvard University halten sollte. Er starb im September 1985, bevor er in die Vereinigten Staaten aufbrechen konnte. Seine Vorlesungsreihe *Six Memos for the Next Millennium* blieb unvollendet. Sie begann mit einer Erörterung der ›leggerezza‹, der Leichtigkeit. Er wählte diesen Auftakt, weil er der technischen Entwicklung kulturprägende Kraft zusprach. Seine Gegenwart beschrieb er als eine Welt, in der die Maschinen und Apparaturen zwar noch aus Stahl oder anderen schweren Materialien bestehen mochten, aber von immer leichteren Chips und gewichtslosen Bits gelenkt zu werden begannen. Und auch in den Computern selbst, im Verhältnis von Hardware und Software, erschien ihm das leichtere Element als das funktional Entscheidende. Es zeichnete sich ab, dass die Leichtigkeit mit der Miniaturisierung im Bunde sein würde. Er schlug vor, zum besseren Verständnis der wachsenden Bedeutung der Leichtigkeit in den Dingwelten und Apparaturen der technisch-zivilisatorischen Moderne auf die literarische und philosophische Tradition der ›leggerezza‹, ihre Bilder und Begriffe zurückzugreifen. Seine beiden Leitfiguren bei diesem Unternehmen waren Ovid und Lukrez. Hatte nicht Letzterer in *De rerum natura* seine Aufmerksamkeit immer wieder auf die kleinsten Teilchen gerichtet? Und war diese Aufmerksamkeit nicht Ausdruck seiner Sorge gewesen, das Gewicht der materiellen Welt könne die Menschen erdrücken?

Begonnen hatte Italo Calvino seine Karriere mit dem Erstlingsroman *Wo Spinnen ihre Nester bauen*. Der beruhte auf seinen Erfahrungen als Jugendlicher in der Resistenza, der in den Spinnennestern der Berge und Wälder Orte der Selbstbesinnung findet. Ovids Arachne wurde zu seiner Lebensbegleiterin. In seiner Einleitung zu einer Ausgabe der *Metamorphosen* feierte er die technische Präzision, mit der Ovid den Webstuhl schildert. Arachnes schnelle Finger und auch ihr Weben als Spinne fügte er in seine Bildergalerie der Leichtigkeit ein. Und schlug so den Bogen von den Bits und Bytes zur antiken Mythologie. Das World Wide Web hatte er noch nicht vor Augen, aber

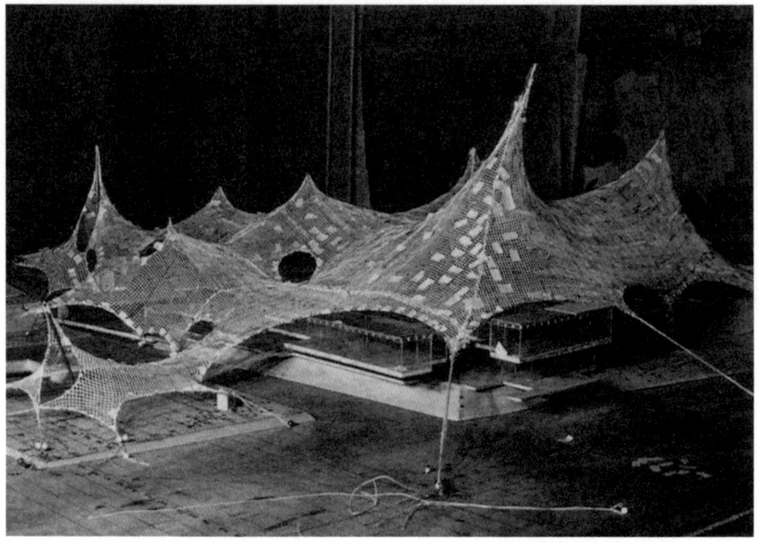

Spinnennetz und Leichtbautechnik: Modell des Deutschen Pavillons auf der Weltausstellung in Montreal 1967 von Frei Otto mit Rolf Gutbrod.

die Dynamik der Technologien erfasst, die von ihrer Leichtigkeit profitieren.

Das Studium von Konstruktionsprinzipien in der lebenden Natur sollte zur Entwicklung weitspannender architektonischer Netzbauten beitragen. Fluchtpunkt war die Errichtung des Olympiadachs in München, das die Olympiahalle, die Schwimmhalle und teilweise das Stadion überspannte. Die Radnetze der Spinnen wurden zu Studienobjekten der Forschungsgruppe am 1964 von Frei Otto gegründeten Institut an der TH Stuttgart. Sie verkörperten durch das geringe Gewicht der Spinnseide den Begriff ›Leichtbau‹ in extremer Annäherung an die Schwerelosigkeit. Eine aufwendige Dokumentation erschien 1975 unter dem Titel *Netze in Natur und Technik*. Neben den Fotografien der Münchner Olympiabauten fanden sich darin auch rasterelektronische Aufnahmen von Spinnennetzen. Das Bildmaterial stammte aus Ernst Kullmanns und Horst Sterns *Leben am seidenen Faden*. Hier wie dort erschien das Spinnennetz als Muster geometrisch-technischer Vollkommenheit in der Natur, als kunstvolles Zugleich von Leichtigkeit und federnder, elastischer Stabilität.

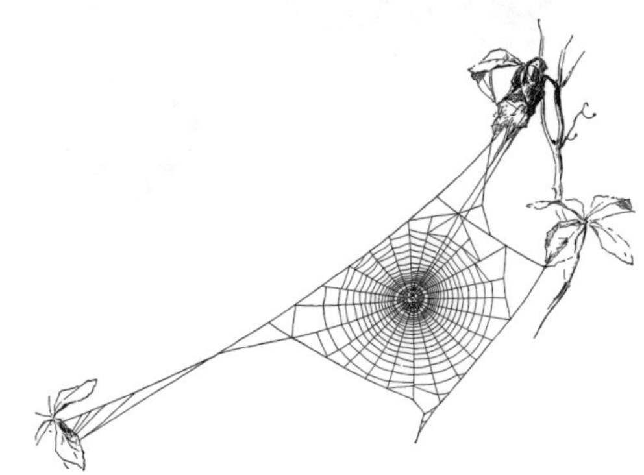

Gäbe es in der Mediengeschichte der Spinnen eine Rangfolge der Wirkmächtigkeit von Einzelbildern, so stünde Tafel XVIII in Maria Sibylla Merians Metamorphosis Insectorum Surinamensium *an der Spitze.*

Maria Sibylla Merian, die Vogelspinne und der Kolibri

Im Juni 1699 brach Maria Sibylla Merian gemeinsam mit ihrer jüngeren Tochter Dorothea Maria von Amsterdam aus zu ihrer großen Reise nach Surinam auf. Im Zuge der europäischen Expansion hatte sich der Schiffsverkehr verstetigt, seit gut dreißig Jahren war Surinam niederländische Kolonie und in die Ökonomie der Westindien-Kompanie einbezogen. Zur Bewirtschaftung der bereits von den Engländern errichteten Zuckerplantagen war der Sklavenimport von der westafrikanischen Küste intensiviert worden.

Als sie das Segelschiff bestieg, war Merian bereits 52 Jahre alt und hatte nach der Veröffentlichung ihres dreiteiligen *Blumenbuchs* (1675–1680) mit dem ersten Band ihres großen Werkes *Der Raupen wunderbare Verwandelung und sonderbare Blumen-nahrung* (1679) ihr Lebensthema gefunden: die Metamorphose.

Nach zwei Jahren kehrte sie aus gesundheitlichen Gründen nach Amsterdam zurück und bereitete die technisch und finanziell aufwendige Publikation des Prachtbandes *Metamorphosis Insectorum Surinamensium* vor, der 1705 in niederländischer und lateinischer Sprache erschien. Er diente wie die Verkäufe der Pflanzen und tierischen Präparate, die sie aus Surinam mitgebracht hatte, der Refinanzierung der Reise, die sie, anders als in der Regel die männlichen Forschungsreisenden, auf eigene Kosten unternommen hatte.

Das Großfolio-Format (52 × 35 Zentimeter) mit seinen sechzig handkolorierten Kupferstichen folgte einer Strategie, die später im Film das CinemaScope-Format hervorbrachte. Bücher assoziieren wir mit Schrift und Typografie, dieses war primär Bildmedium: Durch die Kombination verschiedener Zeitschichten auf einer Tafel löste Merian sich vom zeitlosen Nebeneinander der präparierten und von ihren Habitaten isolierten Insekten in den Naturalienkabinetten. Ihre *Metamorphosis Insectorum Surinamensium* stellte mit dieser Methode dem europäischen Publikum die tropische Welt Surinams vor Augen. Durch seine Tafel XVIII wurde es zu einem folgenreichen Ereignis in der Mediengeschichte der Spinnen. Die Tafel zeigt Ameisen, Spinnen und einen kleinen Kolibri auf einem nahezu kahlen Guajavabaum, nur einige Blätter sind ihm geblieben, die meisten durchlöchert. Über die oberen zwei Drittel des Kupferstichs erstrecken sich mehrere Spinnennetze, zwei Spinnen sitzen im Zentrum dieser Netze, eine kleinere und eine mittelgroße, aus deren ballonartigem Eikokon mehrere Jungspinnen gekrochen sind, die über das Netz laufen. Auf der Guckkastenbühne dieser Tafel sind sie lediglich Nebendarsteller.

Unweigerlich wird der Blick auf die Hauptfiguren des Kupferstichs fokussiert, die beiden großen dunklen Spinnen mit ihren behaarten Körpern und Gliedmaßen. Die eine kriecht am Stamm des Guajavabaums abwärts und hat gerade eine kleine Ameise mit den scharfen Enden ihrer Chelizeren erfasst. Die andere imprägniert das gesamte Blatt mit der Aura eines dramatischen Schreckensmoments. Sie presst ihren gedrungenen dunklen Körper auf den unter ihr auf dem Rücken liegenden farbenprächtigen Kolibri und greift auf eines der Eier zu, die in dessen Nest liegen, während ein anderes Bein den Kopf des Vogels auf einen kahlen Zweig niederdrückt. Aus dem im Profil dargestellten Kopf blickt den Betrachter ein Auge des Kolibris an. Ob er noch lebt, ist ihm nicht anzusehen. Den Kolibris widmet Merian den letzten Satz ihres nur einseitigen Begleittextes: »Sie haben vielerlei wunderschöne Farben, schöner als die Pfauen.«

Maria Sibylla Merian hat den großen Spinnen keine Namen gegeben, sie spricht von den Hauptdarstellern der Tafel XVIII als von »großen schwarzen Spinnen«, deren gewöhnliche Nahrung die ebenfalls abgebildeten Ameisen sind. Kolibris treten zu ihrer Hauptnahrung hinzu: »Sie holen in Ermangelung von Ameisen auch die kleinen Vögel aus den Nestern und saugen ihnen alles Blut aus dem Körper.«

Carl von Linné hat bereits in dem Katalog, *Museum Adolphi Friderici* (1754), den er für das Naturalienkabinett des Königs Adolf Fredrik von Schweden erstellte, mehrfach auf Kupfertafeln aus Merians *Metamorphosis Insectorum Surinamensium* zurückgegriffen, darunter auch auf Tafel XVIII. Schon hier wandte er seine binäre Nomenklatur an, die auf den Namen der Gattung den Namen der ihr angehörenden Art folgen lässt. Er nannte die von Merian erstmals beschriebene Spinne *Aranea avicularia* und übernahm diese Terminologie in sein *Systema Naturae* (1758). Weil in *avicularia* der Vogel (*avis*) steckt, begann damit der Name ›Vogelspinnen‹ zu kursieren, deren Familie später die Bezeichnung ›Theraphosidae‹ erhielt.

Erstbenennungen waren die Einfügungen in die moderne zoologische Taxonomie nicht. Namen für die Vogelspinnen gab es lange zuvor bei den indigenen Völkern Süd- und Mittelamerikas. ›Chihua‹ hießen sie bei den Maya, ›Tocatl‹ bei den Azteken, ›Gogyeng Sowuhti‹ bei den Hopi. Maria Sibylla Merian wird diese Namen kaum gekannt haben. Wichtiger als die Nomenklatur war ihr die Exaktheit der bildlichen Darstellung. Im Vorwort ihres Werks versichert sie, dass alle Pflanzen und Tiere »von mir in Amerika nach dem Leben gezeichnet und beobachtet wurden, bis auf einige wenige, die ich auf Aussagen der Indianer hinzugefügt habe«.

Die anonymen Zuträger, deren Wissen und Beobachtungen in das Insektenbuch eingingen, tauchen im Begleittext zu Tafel XVIII an prominenter Stelle auf, im Kommentar zum Beutetier der großen schwarzen Spinne: »Kolibris sind die Nahrung der Priester in Surinam, die nichts anderes essen mögen als solche Vögel (wie man mir gesagt hat).« Zu den Zuckerplantagen der niederländischen Kolonisatoren stand Merian in Distanz, das Wissen der indigenen Bevölkerung Surinams und der aus Westafrika verschleppten Sklaven, aus deren Reihen sie ihre Dienerschaft rekrutierte, erwähnt sie häufig. Die Historikerin Natalie Zemon Davis, die Merian eine biografische Studie gewidmet hat, hält es für wahrscheinlich, dass sie nicht nur Wissen über Speisetabus der indigenen Priester und die medizinische Nutzung der Pflanzen (etwa zu Abtreibungen) erwarb, sondern auch dem Spinnenmann Anansi begegnete, der im Gefolge der Sklaven aus Westafrika in die Folklore Surinams eingewandert war.

Ähnlich wie Anansi entfaltet auch Tafel XVIII ihre Wirkung über Jahrhunderte hinweg. Die große, dunkle, behaarte Spinne aus dem Dschungel des fernen Surinam, die sich anschickt, einen Kolibri zu fressen, war ein Gegenbild zu den feingliedrigen Wesen, die in Shakespeares *Romeo und Julia* Mercutio vor

Augen führte, wenn er den Wagen schildert, in dem Queen Mab den Schläfern über die Nasen fährt und ihnen Träume eingibt. Die Speichen bestehen aus Spinnenbeinen, das Zaumzeug »aus feinstem Spinnweb«. Die Vogelspinnen sind, was Merian nicht zu erwähnen vergaß, keine Netzbauer. Sie leben in Wohnröhren, oft auf Bäumen wie dem Guajavabaum, den sie als Fundort ihrer Exemplare angibt.

Merians auf Pergament gemalte Aquarellvorlagen fanden Eingang ins British Museum und in die Sammlung Peters des Großen. Der Kupferstich wurde immer wieder reproduziert, oft in weniger aufwendigen Formaten als das Original. Auch entstanden bald naturkundliche Illustrationen, die von Merians Tafel XVIII inspiriert waren, etwa in dem *Thesaurus*, der ab 1734 das Naturalienkabinett des deutsch-holländischen Apothekers und Sammlers Albertus Seba zeigte.

Im frühen 19. Jahrhundert, als im Zuge der immer dichteren Bewirtschaftung des empirischen Wissens zahlreiche Detailirrtümer nachgewiesen wurden, geriet das dramatische Zentrum von Tafel XVIII, die vogelfressende Spinne, in die Sphäre der Unwahrscheinlichkeit. Mehrere Naturforscher verwiesen sie im frühen 19. Jahrhundert ins Reich der Fabeln und Legenden. Maria Sibylla Merian wurde, weil sie eine Frau war, Leichtgläubigkeit gegenüber den Indigenen unterstellt, und diesen selbst die Unfähigkeit zur rational-empirischen Wahrnehmung der Natur aufgrund ihrer Befangenheit in mythisch-magischen Weltbildern. Wenig später aber schaffte Merians Tafel XVIII, die bisher vor allem im sozial begrenzten Kreis kaufkräftiger Liebhaber, Sammler und Naturforscher zirkuliert war, den Durchbruch zur Verbreitung in Printmedien mit hohen Auf-

Aus der Perspektive des Augenzeugen in Nahsicht gezeigt: »Bird-Killing Spider« in Henry Walter Bates' The Naturalist on the River Amazonas *(1864).*

lagen. Der englische Entomologe, Evolutionsbiologe und Forschungsreisende Henry Walter Bates schilderte in seinem Expeditionsbericht *The Naturalist on the River Amazons* (1863) eine Vogelspinne (*Mygale avicularia*) von »two inches« Körperlänge – was circa 5 Zentimeter entspricht –, mit grau-rötlicher Behaarung, in deren über eine Spalte in einem Baumstumpf straff gespanntes Gewebe sich zwei kleine Finken verfangen hatten. Der eine Vogel sei bereits tot gewesen, den anderen habe die Spinne – Bates nennt sie mehrfach ein »monster« – mit der Flüssigkeit aus ihren Drüsen eingespeichelt. Ausdrücklich weist er die zeitgenössischen Diskreditierungen Maria Sibylla Merians und ihrer Tafel XVIII zurück. Der Passage, in der er sie rehabilitiert, ist eine Schwarz-Weiß-Illustration beigegeben, in der die übergroße Spinne umgeben vom Blätterwerk auf dem Baumstumpf den kleinen Vogel unter sich begräbt.

Nahezu zeitgleich mit dem Expeditionsbericht von Henry Walter Bates erschien in Deutschland der sechste Band von Alfred Brehms Serienpublikation *Illustriertes Thierleben. Eine allgemeine Kunde des Thierreichs* (1864–1869). Ausführlich paraphrasiert der Abschnitt über die ›Gemeine Vogelspinne‹ den Bericht von Bates. Zudem übernahm Brehm die Schilderung der fast einjährigen Beobachtung einer *Mygale avicularia*, die der Danziger Gymnasiallehrer und Naturforscher Anton Menge in sein Buch *Preußische Spinnen* (1866) eingefügt hatte.

Das Tier war im September 1862 mit einem englischen Kohlefrachter lebend nach Danzig gelangt. Die Experimente, die Menge mit der Spinne in einem großen Zylinderglas anstellte, dessen Boden er mit Moos, Baumwolle und Fichtenrindenstücken bedeckt hatte, betrafen nahezu ausschließlich ihr Fressverhalten. Er warf ihr eine Winkelspinne vor, die sie sogleich verzehrte, dann eine Kreuzspinne und eine Assel, schließlich Gartenfrösche und eine kleine Kröte, die bald »von der Spinne gebissen und dann halbtodt mit zahleichen Fäden an das Stück Fichtenrinde angebunden war«. Zwar verschmäht die nach einem halben Jahr bereits geschwächte Spinne die junge Grauammer, die Menge ihr anbietet, »um zu sehen, ob sie, wie man von ihr in Bezug auf junge Colibris erzählt, auch über den deutschen Vogel herfallen würde«. Doch zieht Menge das Fazit, man werde »nach dem Angegebenen« die Tafel XVIII im Werk Maria Sibylle Merians »nicht unwahrscheinlich finden«, fügte aber hinzu, er halte sie »eher für eine zufällige Tatsache als eine allgemeine Sitte der Spinne«.

Im Bann der Tafel XVIII aus Maria Sibylla Merians Surinam-Buch: Emil Schmidts Illustration zur Vogelspinne in Alfred Brehms Die Insekten, Tausendfüßler und Spinnen.

Alfred Brehm übernahm von Bates und Menge sowohl die Rehabilitierung wie die Relativierung der Darstellung Merians. Doch erzählen hier wie stets in seinem Werk die Bilder ihre eigene Geschichte. Auf dem Holzschnitt *Die Vogelspinne* des Illustrators Emil Schmidt, der in das Bildgedächtnis von Brehms Publikum einging, war die Relativierung nicht zu sehen. Brehm hatte die Spinne nach einem Präparat zeichnen lassen, Schmidt übernahm von Bates die Darstellung in Draufsicht. In frappierender Ähnlichkeit mit dem Original war nun noch einmal die »große schwarze Spinne« Maria Sibylla Merians zu sehen, unter ihr ein Kolibri, dessen Auge wie auf ihrer Tafel XVIII aus dem Bild herausblickt. Als ein Abgesandter der schönen Natur in Merians Werken über Blumen und Raupen fliegt ein Schmetterling als Kontrastfigur über die Szene des Holzschnitts hinweg. Als das britische Magazin *Popular Science Monthly* im Oktober 1888 eine Illustration druckte, in der ein Kolibri von oben in den Bildraum fliegt, während unten auf einem Baumstamm nahe am Nest des Vogels die große schwarze Spinne sitzt, konnte es sich darauf verlassen, dass das Publikum hineinsehen würde, was der Untertitel versprach: »The Bird-eating Spider (*Mygale avicularia*) killing a Hummingbird. From Sibylle de Mérian.«

Nicht allein Berichte wie die von Bates und Menge sorgten für das vitale Nachleben von Merians Tafel XVIII im 19. Jahrhundert. Vielmehr gewann die drastische Inszenierung der Vogelspinne als beutemachendem Raubtier durch die rasche Verbreitung von Darwins Evolutionstheorie an Plausibilität. Bilder einer ›grausamen‹ Natur, in der die Tiere einander bekämpfen, passten gut zu begrifflichen Formeln wie »struggle for existence« – im Deutschen »Kampf ums Dasein«. Das Nachleben der Tafel XVIII aus Maria Sibylla Merians Insektenbuch im 19. Jahrhundert bezeugen aber auch die Konversationslexika. Im *Brockhaus* des Jahres 1895 wölbt sich unten rechts auf der Tafel ›Spinnentiere und Tausendfüßer I.‹ der Körper einer sehr großen dunklen Vogelspinne über ihrer Beute, einer kleinen Echse.

Um Maria Sibylla Merian zu würdigen, »the German-born naturalist who drew the famous engraving of a specimen of Avicularia eating a bird, in recognition to her importance for Natural Sciences«, haben die Spinnenforscher Rogério Bertani und Caroline Fukushima 2017 eine bisher unbekannte Vogelspinne, die sie in Peru entdeckt hatten, *Avicularia merianae* genannt. Ein Jahr zuvor war der Artikel *A small homage to Maria Sibylla Merian, and new records of spiders (Araneae: Theraphosidae) preying on birds* von João Vitor Campos e Silva und Fernanda de Almeida Meirelles in der *Revista Brasileira de Ornitologia* erschienen. Er dokumentiert in genauer Lokalisierung und Datierung zwei Situationen am Amazonas, in denen die Autoren Spinnen beim Fressen kleiner Vögel beobachtet hatten. Die Fotografien waren dokumentarisch und sehr unspektakulär. Sie belegten unzweifelhaft den Fressvorgang, nicht aber die Jagd und das Beutemachen.

Das Gift der Einbildungskraft

So wie die Spinnweben seit alters her als Wundbelag zur Blutstillung dienten, gehörten in der Frühen Neuzeit die Körper der Spinnen zu den Hausmitteln der Alltagsmedizin. Im Anhang mit Rezepten gegen Krankheiten ihres weit verbreiteten Haus- und Kochbuchs *The house-keeper's pocket-book and compleat family cook* (1733) empfahl Sarah Harrison als Mittel gegen Schüttelfrost, man solle eine lebendige Spinne mit weichen Brotresten umgeben und den Patienten die Mischung herunterschlucken lassen. Diese effektive, aber häufig abgelehnte Kur verliere ihre Wirkung nicht, wenn der Patient nicht weiß, was die Mischung enthält.

Die Einwanderung der Spinne in den menschlichen Körper ist jenseits von Spinnenbiss und Spinnweben ein eigenständiges Motiv in Folklore und Literatur. Der Held in Jean Pauls *Dr. Katzenbergers Badereise* weiß, womit er den Ekel der Mitgäste heraufbeschwören kann, wenn er im Keller des Wirtshauses »fette runde Spinnen« erjagt und vor den Augen der Wirtin und des Aufwartepersonals »reife Kanker« auf Semmelschnitten streicht und verspeist. Dr. Katzenberger, Arzt und anatomischer Professor, erscheint bald der gesamten Wirtshausgesellschaft als »eine Kreuz-Spinne«. Der Ekel ist ein starker Affekt. Jean Paul mildert ihn durch humoristisches Erzählen. Die verschluckte Spinne kann als literarische Ressource, aber auch zur Darstellung anderer starker Affekte genutzt werden.

Diese Spinne aus der Serie von Einblattdrucken Monstres et animaux fabuleux *(1837–1846) entstammt den Tiefen des Meeres und ist in der Lage, ein ganzes Schiff samt Ladung an die Küste zu werfen.*

In Shakespeares *Wintermärchen* ist dieser andere starke Affekt, der sich im Ekel spiegelt, die Eifersucht. Leontes, der König von Sizilien, ist von ihr längst erfasst, als er das populäre Bild der verschluckten Spinne ins Spiel bringt. Seine Gemahlin Hermione, die er zu Unrecht der Untreue verdächtigt, hat er in Metaphern der Ansteckung gehüllt, bei sich selbst kann er Affekt und Infektion kaum noch unterscheiden, als wolle er Francis Bacon einen Beleg liefern, der in einem seiner Essays das Misstrauen und den Verdacht mit Fledermäusen vergleicht, die im

Zwielicht auffliegen und den Geist überschatten. Das Gift der Eifersucht und das Gift der Einbildungskraft arbeiten in ihm einander zu, aber die Einbildungskraft hat sich als Wissen maskiert. Im Spinnengleichnis sucht diese Konstellation, die um die Achse Wissen/Nichtwissen rotiert, nach ihrem Ausdruck:

Ach, wüsst ich weniger! Fluch ist dieser Segen!
Wenn eine Spinne in den Becher fällt,
Da kann man trinken, weggehn, unvergiftet,
(Denn nur wer weiß von diesem Gift, wird krank.)
Doch hält man einem den abscheulichen Inhalt
Des Bechers vor und zeigt ihm, was er trank,
Zerspringt ihm Schlund und Brust von heftigem Brechreiz.
Ich hab getrunken, und ich sah die Spinne.

Im Glasmuseum Passau ist ein Becher zu betrachten, den eine Spinne ziert, die freilich nicht ins Innere gelangen kann. Das Bild der Spinne im Becher bleibt, auch wenn das Wissen, das Leontes sich zuspricht, nur Schein ist. Die Einbildungskraft nimmt auf solche Grenzen keine Rücksicht. Sie richtet ihre Punktstrahler auf das Spinnengift, isoliert es aus dem Ensemble der Jagdtechniken des kleinen Raubtiers, geht am filigranen Apparat und an den fein austarierten Giftmengen, die dem Beutetier durch die Einstiche der Giftklauen verabreicht werden, gern vorbei und nimmt das Vergiften summarisch. Gern vergrößert sie die Giftmengen und die Spinnen gleich mit, ohne in Anschlag zu bringen, dass viele kleine Spinnen relativ zu ihrer Körpergröße über sehr viel mehr Gift verfügen als etwa Vogelspinnen, die ihre Beute vorzugsweise mit mechanischer Kraft überwältigen. Die Spinnen gehen mit dem Gift, das sie in den Giftdrüsen ihres Vorderkörpers produzieren, ökonomisch um, setzen es keineswegs immer ein, um zu töten, sondern häufig, um ihre Beute zu lähmen.

Im Gemisch der vielen Einzelkomponenten, aus denen Spinnengifte zusammengesetzt sind, stellen die Neurotoxine, die auf das Nervensystem der Beutetiere einwirken, die größte Gruppe. Wenn sie ihre Wirkung getan haben, werden die Beutetiere in Nahrung verwandelt, indem sie durch die Einführung von Verdauungsenzymen verflüssigt und durch die kleine Mundöffnung der Spinnen hineingesaugt, also eher getrunken als im landläufigen Sinn gefressen werden. Das Außenskelett der erbeuteten Insekten, ihr Chitinpanzer kann, aber muss nicht zuvor zerkaut werden. Er kann auch als eine Art Behälter fungieren, aus dem das verflüssigte Beutetier herausgeschlürft wird. Die Giftmengen wie die Verdauungsenzyme sind den potenziellen Opfern angepasst, die, wie etwa Libellen, deutlich größer sein können als die Spinnen, aber allesamt zu den Kleintieren zählen. Größere Tiere kommen als Beutetiere nicht infrage. Menschen können von Spinnen gebissen, aber in Mitteleuropa nur in Ausnahmefällen ernsthaft geschädigt werden. Nur eine sehr kleine Minderheit der europäischen Spinnen ist überhaupt in der Lage, bei einem Biss die menschliche Haut zu durchdringen. Todesfälle nach Spinnenbissen wurden in Europa seit Jahrzehnten nicht registriert, anders als bei Schlangenbissen oder auch Wespen- und Bienenstichen.

Sehr leicht lässt sich im Reich der imaginären Spinnen dem Substantiv ›Gift‹ das Adjektiv ›tödlich‹ an die Seite stellen. Die Koppelung rastet ein, als zögen die Glieder sich magnetisch an. Das geschieht umso leichter, wenn das Spinnengift metaphy-

Niemand hat die Spinne erfolgreicher verteufelt als der Schweizer Pfarrer Albert Bitzius, dessen Pseudonym Jeremias Gotthelf war: Dieses Bild illustrierte das Cover von Die schwarze Spinne *aus dem Jahr 1937.*

sisch verstärkt wird wie in der Erzählung *Die schwarze Spinne* des Schweizer Pfarrers und Schriftstellers Jeremias Gotthelf, die 1842 erstmals erschien und weit über die Schweiz hinaus über Generationen hinweg eine große Wirkung entfaltete, nicht zuletzt dadurch, dass sie in die Schulbücher einging.

Eine Kindstaufe wird darin zum Anlass einer Erzählung, in der die Idylle verfliegt. Der Großvater berichtet, was es mit dem geheimnisumwitterten schwarzen Holzpfosten in dem alten Haus auf sich hat, in dem die Taufgesellschaft versammelt ist. Der grausame Feudalherr Hans von Stoffeln hat den Bauern abverlangt, Buchenstämme auf sein Schloss hinaufzubringen, und als das durch widrige Umstände misslingt, bietet sich der Teufel in Gestalt eines grünen Jägers zur Hilfe an – wenn er zum Lohn ein ungetauftes Kind erhält. Es ist eine Ortsfremde, eine ›wilde‹ Frau, Christine aus Lindau, die sich um des Dorfes willen auf den Handel einlässt, als die Not sich zuspitzt, und die es nicht verhindern kann, dass der Teufel den Pakt mit einem Kuss auf ihre Wange besiegelt. Der Versuch, dem Teufel seinen Lohn vorzuenthalten, dramatisiert die Zeit zur ablaufenden Frist. Denn der Teufel stellt ein Ultimatum, und als es verstreicht, bricht aus dem Gesicht Christines, in dem sich längst die Gestalt einer Kreuzspinne abgezeichnet hat, die tödliche Brut hervor: »Langbeinig, giftig, unzählbar«.

An dieser Aufzählung ist ablesbar, wie Gotthelf die Punktstrahler der Einbildungskraft ausgerichtet hat. Es kommt ihm auf die Bewegung der Spinnen im Raum, auf ihr Gift und auf ihr massenhaftes Auftreten an. An keiner Stelle ist vom Netzbau die Rede. Dazu haben die Spinnen hier keine Zeit und Geduld. Was aber das metaphysisch aufgeladene Gift betrifft, so gilt, dass es der Injektion durch Giftklauen nicht bedarf: »was sie berührten, war vergiftet«. Es reicht aus, dass Gotthelfs Spinnen über Leiber und Gesichter von Menschen und Vieh hinweglaufen, damit sich die tödliche Wirkung des Gifts entfaltet. Gotthelf kann sich darauf verlassen, dass im abgelegenen Sumiswald, wo die Erzählung spielt, genauso wie im Lesepublikum angesichts der Überblendung von biblischen Plagen, Spinnengift und einem epidemischen Geschehen, das der Pest gleicht, sich rasch Assoziationen an Prediger 3,18 der Lutherbibel einstellen: »Es geschieht wegen der Menschenkinder, damit Gott sie prüfe und sie sehen, dass sie selber sind wie das Vieh.«

Das metaphysische Gift ist bei Gotthelf mit dem Feuer im Bunde, auf dem Feld ist die Spinne, in die ein Bauer tritt, ein »glühender Dorn«, mit »feurigen Stacheln« wühlen sich die Spinnen ins Gebein von Mensch und Vieh. Auch wenn es nicht ausdrücklich gesagt würde, wäre klar, dass dieses Glühen dem Höllenfeuer entstammt. Dem naturkundlich identifizierbaren Phänotyp der Springspinnen hat Gotthelf ein Element entnommen, das seine Monsterspinne entscheidend prägt: die Augen. Sie sind bei vielen Springspinnen, den Salticidae, die ihre Beute am Boden jagen, leistungsstark. Bei Gotthelf sind sie vor allem groß und mit dem Verb ›glotzen‹ unauflöslich verbunden. Dieses Glotzen hat gestische Qualitäten, es strahlt Herrschaft und Triumph vor allem über diejenigen aus, die glauben, der Spinne Herr werden zu können wie jener Ritter, der mit seiner Lanze gegen sie loszieht, ohne zu bemerken, dass sie ihm schon auf dem Helm sitzt und ihn von dort aus mit einer Methode zur Strecke bringt, die nur Monsterspinnen zur Verfügung steht: »durch den Helm hindurch hatten die Füße der Spinne sich

Nach King Kong *müssen tierische Ungeheuer eine Frau in ihren Fängen haben. Spinnen können diese Anforderung nur in drastischer Vergrößerung erfüllen, wie das Filmplakat zu* Tarantula *(1955) zeigt.*

gebrannt dem Ritter bis ins Gehirn hinein, den schrecklichsten Brand ihm dort entzündet, bis er den Tod gefunden«.

Die Monsterspinne hat unzählige Kinder, die alle der Mutterspinne im Gesicht Christines gleichen. Doch kann sie ihre Hauptrolle nur spielen, wenn sie nicht lediglich Teil der Massenplage ist, sondern zugleich und vor allem im Singular auftritt, »groß und schwarz und grausig«. Mit dem Adjektiv ›groß‹ wird sie in einer der eindringlichsten Showdown-Szenen zwischen Höllengift und Weihwasser ausgestattet. Christine ist bereits wild entschlossen, dem Teufel ein ungetauftes Kind zu opfern, um die Plage zu enden, als der Priester mit letzter Kraft sein heiliges Wasser über das Kind sprengt und Christine trifft. Nun setzt eine Verwandlung ein, die derjenigen Arachnes in Ovids *Metamorphosen* gleicht. Christine schrumpft zischend und flammensprühend zusammen, bis von ihr nichts bleibt als »die schwarze, hochaufgeschwollene, grauenvolle Spinne«, die ihr im Gesicht sitzt. Anders als bei Ovid aber wird diese Spinne gegenläufig zum Schrumpfen der Menschengestalt größer. Sie wird im Fortgang der Handlung zwar die Dimension eines Tieres, das sich mit der Hand greifen lässt, nicht überschreiten. Doch ist der Weg zu den Monsterspinnen in den Horrorfilmen des 20. Jahrhunderts hier vorgezeichnet – ohne dass Wissenschaftler mit irregeleiteten Experimenten zu Hilfe kommen müssen.

Der Schriftsteller Elias Canetti hat in seinem autobiografischen Buch *Die gerettete Zunge* berichtet, wie ihn als Jugendlichen die Lektüre von Gotthelfs Erzählung so sehr beeindruckte, dass er vor dem Spiegel nach Spuren der schwarzen Spinne auf seinen Wangen suchte: »mich hatte der Teufel nicht geküsst, aber ich spürte trotzdem ein Kribbeln wie von ihren Beinen und wusch mich häufig am Tage ab, um sicher zu sein, dass sie sich nicht doch an mir festgesetzt habe«. Canetti geriet mit seiner auch in ihren literarischen Vorlieben kosmopolitisch-urbanen Mutter in einen Disput über die Erzählung. Die Mutter vertrat die Ansicht, man müsse diese rohe, dialektnahe, aus der Bibel geschöpfte Geschichte einer »elften ägyptischen Plage« in ein »literarisches Deutsch« übersetzen, um sie genießbar zu machen. Der Sohn hatte sie ihr nicht vorgelesen, sondern in einer Version nacherzählt, in der »alles Tröstlich-Moralische, durch das Gotthelf ihre Wirkung zu lindern sucht«, ausgelassen war. Zu diesem Tröstlich-Moralischen zählen die Märtyrerfiguren – sei es ein Priester oder ein glaubensstarker Kindsvater –, die mit bloßen Händen die Spinne greifen und im Holzpfosten des Hauses mit einem Zapfen einschließen. Das muss zweimal geschehen, weil Übermut und sündhaft-schamloser Lebenswandel der Menschen die Spinne wieder befreien. Aber diese moralische Einkleidung, die am Ende das letzte Wort hat, kann, wie Canetti zu Recht bemerkte, die Bildkraft der Erzählung nicht in Schach halten. Das Muster der über sich hinauswachsenden Monsterspinne war gefunden. Von den Waffen der übermütigen Ritter, durch deren Helme sich die Spinne bohrt, führte ein gerader Weg zum Misslingen der Dynamitattacken auf die Monsterspinne im Film *Tarantula* gut einhundert Jahre später.

Höhleneingänge

»In einem dunklen und feuchten Kellerloch« habe er die Spinne gefunden, schreibt der schwedische Naturforscher Carl Alexander Clerck in seinem Buch *Svenska Spindlar* (1757), »zwischen einigen Abfällen, die zufällig abgeräumt wurden«. Clerck hatte Vorlesungen von Carl von Linné gehört, mit dem er gelegentlich Briefe austauschte, sein Werk über die schwedischen Spinnen trug zur Verbreitung der Linné'schen Nomenklatur bei. Er nannte die bis dahin nicht klassifizierte Spinne *Araneus cellulanus* und fügte, wie es zur Konvention gehörte, eine detaillierte Beschreibung hinzu:

> *Füße, lang, schmal, hellbraun, und nur mit langen Haaren dünn versehen; Brust, eiförmig, hellbraun, mit einer schwarzen Zeichnung wie das Glas einer Blumenzwiebel, mit einem ziemlich kleinen und zarten Flaum geschmückt; Bauch, eiförmig, gelb, zerfurcht, mit groben schwarzen Haaren, insbesondere auf den Graten der Furchen reichlich (mit Haaren) besetzt: hatte zwei ovale Flecken, einen auf jeder Seite, und noch zwei kleinere unmittelbar über dem hinteren Ende, der obere dreieckig, der untere birnenförmig; Beine: hellbraun, flaumig; Fühler: hellbraun, lotrecht, zeigen wenige Spuren von Flaum.*

Inzwischen heißt Clercks Spinne wissenschaftlich *Nesticus cellulanus*, populär ›Gefleckte Höhlenspinne‹. Fast dreihundert Nesticidae (Höhlenspinnen) gibt es weltweit, zur Gattung *Nesticus*, den ›Echten Höhlenspinnen‹, gehört in Mitteleuropa die

Gefleckte Höhlenspinne. Sie lebt nicht ausschließlich in natürlichen Höhlen und Grotten oder in Bergwerkstollen, sondern auch in Brunnenschächten, Erdspalten, hohlen Bäumen. Als sie 2024 zur ›Europäischen Spinne des Jahres‹ und zugleich zum ›Höhlentier des Jahres‹ gewählt wurde, ging die Initiative vom Verband der deutschen Höhlen- und Karstforscher aus. Damit war ein Akzent auf ihren bevorzugten Lebensraum gesetzt, auf die Höhlen als schützenswerte Räume der Biodiversität, und auf die Zusammenarbeit von Arachnologen und Speläologen bei der Erforschung der unterirdischen Ökosysteme.

Er habe ihre Art, Netze zu bauen, nicht ermitteln können, schrieb Carl Alexander Clerck 1757. Und tatsächlich haben sie nichts von dem Luftigen, Weitgespannten der Radnetze, eher teppichartig sind sie in die Spalten und Vertiefungen von Höhlenwänden eingefügt, nehmen deren Farben an. An den Fangfäden, die von ihnen nach unten führen und an ihren Enden mit Klebetröpfchen ausgestattet sind, sollen sich Beutetiere verfangen, über die dann die Spinne weitere Fangfäden wirft. Feucht und kühl müssen ihre Lebensräume sein, ohne dem Frost oder allzu starken Temperaturschwankungen ausgesetzt zu sein.

Der frühislamischen Überlieferung zufolge verbarg sich Mohammed auf seiner Flucht von Mekka nach Medina im Jahr 622 in einer Höhle, über deren Öffnung eine von Gott gesandte Spinne ihr Netz webte. So entkam er seinen Feinden. Diese Höhle war ein Ort der Ungewissheit, der Gefahr, aber auch der göttlichen Protektion. Die Spinne wurde in der erzählerischen Ordnung mit der Höhle auf dem Berg Hira verbunden, in der Mohammed zum Propheten berufen worden war. Die Höhle, die Wüste, die Spinne und die göttliche Offenbarung bildeten

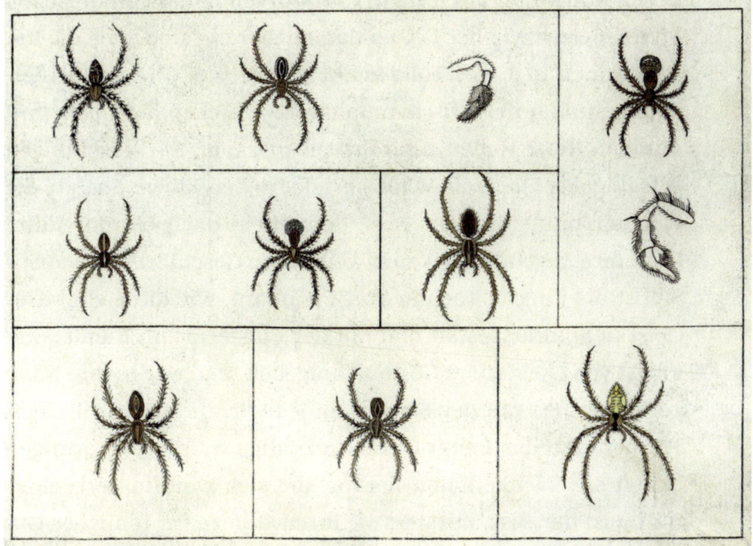

Auf Tafel IV seines Werks Svenska Spindlar *hat Carl Alexander Clerck die gefleckte Höhlenspinne, die bei ihm noch* Araneus cellulanus *heißt, ganz unten rechts abgebildet (Tab. 12).*

eine Einheit. Woher die Spinne in ihr kommt, ob von außerhalb der Höhle oder aus ihr selbst, ist nicht recht klar. Es hat für die Rettungsgeschichte und ihren Kern, den Eingriff Gottes, keine Bedeutung.

Für die Spinnenbilder der Menschen scheint es von erheblicher Bedeutung gewesen zu sein, wie eng die Spinnen mit dem Erdreich verbunden waren, wie wüstentrocken oder feucht und nass die Höhlen und unterirdischen Gänge, denen sie sich zuordnen ließen. Die Dämonologie, die sie mit den unterirdischen chthonischen Mächten im Bunde sah, blühte im christlichen Mittelalter auf. Und tief verwurzelt in der chthonischen Mythologie wie in der Frauendämonisierung sind auch die Riesenspinnen in J. R. R. Tolkiens *Herr der Ringe*. Die Schluchten, Spalten und unterirdischen Sphären, zwischen denen sie ihre dunklen Netze weben, sind ihr Lebensraum. Sie verschlingen gefräßig das Licht, als Widerpart der hellen Elben. Shelob, die Wächterspinne an dem Pass, der hinein nach Mordor führt, trägt ihre Zugehörigkeit zum weiblichen Geschlecht im Namen. Sie ist die jüngste Tochter von Ungoliant, wie diese ein böser Geist in Spinnengestalt und mit der Finsternis im Bunde. Shelob ist von ekelhaftem Gestank umgeben, und wer in ihre Nähe gerät, verliert mit der Sicht auch jede Erinnerung an Farben, Formen und das Licht. Durch unzählige wahllose Paarungen bringt sie Nachkommen hervor, die sich weithin verbreiten. Heftig ist der Biss, mit dem sie ihren Opfern ihr tödliches Gift einflößt. Sie ernährt sich von allem, was lebendig ist, trinkt das Blut von Elben und Menschen, wird fett davon und erbricht Dunkelheit. Sie gehört zu den Wesen, in denen sich die Schrecken verdichten, damit der Sieg über sie von möglichst großem Gewicht ist. Ein großer Kampf zwischen ihr und den Hobbits – Höhlenbewohner auch sie – ist unvermeidlich, und er wird nicht durch das magische Schwert Sting allein entschieden, sondern auch durch das Licht, das Samwise Gamgee verwendet, um Shelob abzuwehren.

Es gibt zum Glück ein Gegengift gegen die Dämonisierung der Höhlenspinnen im *Herrn der Ringe* – bei einem Autor, der sein großes Werk bereits begonnen hatte, als Tolkien 1892 geboren wurde. In seinem Haus mit Garten in Sérignan-du-Comtat in der Provence, das er 1879 erworben hatte und ›Le Harmas‹

nannte, beobachtete der Insektenforscher Jean-Henri Fabre (1823–1915) jahrelang Spinnen. Dass sie nicht zu den Insekten gehören, scherte ihn nicht, an ihrer Taxonomie und Nomenklatur war er allenfalls in zweiter Linie interessiert. Er schloss die Spinnen in sein Observatorium ein, weil sie den Lebensraum mit den Insekten teilen. Ein ganzes Kapitel widmete er der Geometrie des Radnetzes, den stumpfen und spitzen Winkeln beim Aufeinandertreffen von Speichenfäden und Querverbindungsfäden, der Annäherung des Radnetzes an die Form der logarithmischen Spirale. Aber diese geometrische »Harmonie im Raum« ist nur ein Element im großen Erzählkosmos von Fabres *Erinnerungen eines Insektenforschers*. Es gibt darin die Sonne, die, wenn der Morgennebel sich lichtet, ein Spinnennetz vielfarbig aufleuchten lässt. Die Wespen, Heuschrecken, Hornissen, Hummeln, Bienen, Fliegen und Mücken, die zur Sphäre von Licht und Luft gehören. Sie werden zur Beute der Spinnen, aber nicht alle, indem sie sich in Radnetzen oder anderen Gespinsten verfangen. Fabre hat das Gesamtgeschehen im Auge, die Jahreszeiten und die Tageszeiten, die Nahrungsaufnahme und Fortpflanzung, die Jagdmanöver und Tötungsmethoden. Durch seine Aufmerksamkeit auf die Instinkte der Insekten und ihre ›mœurs‹, also das, was bei den Menschen die Sitten sind, wird er zum Pionier der Verhaltensbiologie.

Die kräftigste Spinne, die in seiner Region vorkommt, nennt er »die schwarzbäuchige Tarantel«. Als *Lycosa tarantula* klassifiziert, zählt sie zu den Wolfsspinnen, die keine Netze bauen, sondern ihre Beute am Boden jagen und dafür mit guten Augen ausgestattet sind. Etwa zwanzig Erdhöhlen, in denen er sie aufstöbern kann, zählt Fabre in seinem Harmas-Laboratorium,

In seiner Monographie der Spinnen *(1820) nennt Carl Wilhelm Hahn die Herkunft der dargestellten Wolfsspinne. Die* Lycosa tarantula *stammt »aus der Sammlung des Herrn Sturm zu Nürnberg«.*

mehr noch, wenn er das nahe steinige Hochplateau durchstreift. Jungspinnen bringen in raschem Lauf oder Sprung ihre Beute zur Strecke, etwa eine Fliege, die sich auf einen Grashalm geflüchtet hat. Eigens gefangene Hummeln, die Fabre in die Erdröhre einer erwachsenen Wolfsspinne bugsiert, überleben das Experiment nicht und werden zu Kronzeugen für die blitzschnelle Wirkung des Spinnengifts. Röhren und Höhlen, seien sie sandigem oder steinigem Boden angepasst, erweisen sich als kunstvolle architektonische Gebilde, für die organisches Material, kleine Steine, Kadaver von Beutetieren verwendet und mit Spinnseide umgeben werden. Aber auch die Spinnen selbst werden zur Beute. Die Wegwespe scheut sich nicht, mit ihren Kieferzangen eine Spinne aus ihrer Röhre zu reißen. Mit »machiavellistischer Raffinesse« arbeitet sie an der Vertreibung der *Segestria florentina*, der Fischernetzspinne, aus ihrem Domizil, um sie im Freien durch einen Stich zu lähmen.

Immer wieder sind bei Fabre die unter Steinen verborgenen oder ins Erdreich getriebenen Höhlen der Spinnen die Schauplätze der Mikrodramen. Lange Beobachtungssequenzen widmet er der Zeltdachspinne, inspiziert ihr unter einem Stein gefundenes Bauwerk, in dem das scheibenförmige Netz sich nach unten wie eine umgekehrte Kuppel erstreckt, stellt das weiche wollartige Seidengespinst im Innern den fauligen Spänen, Kieseln und vertrockneten Insektenkadaverresten gegenüber, von denen es außen bedeckt ist, markiert den nicht leicht zu findenden Spalt, durch den die Spinne einem Verfolger ins Innere ihres Baus entweichen kann. Die Erdröhren sind in Fabres Spinnenkosmos das dunkle Gegenüber der im Morgenlicht aufglänzenden Radnetze. Sie erweisen sich im Vergleich mit deren geometrischen Strukturen als nicht minder kunstvoll und zweckmäßig gebaut. Im Observatorium Fabres können die erdnahen Spinnen ihre Sichtbarkeitsnachteile ausgleichen.

Die alten Häuser und Gemäuer, die Treppen, die in lichtlose Keller hinabführten, waren in den Gothic Novels des 18. Jahrhunderts mit der Nachtangst im Bunde. Es gab Kerzen, aber ohne Elektrizität war die Welt in den Nächten dunkler. Romane wie Ann Radcliffes *The Mysteries of Udolpho* (1794) setzten den Naturalienkabinetten Schreckensräume an die Seite, in denen die Spinnweben zum festen Inventar gehörten. Diese Romane waren sehr modern in ihrer Machart und ihren erzählerischen Tricks, sie lebten von der genauen Beobachtung ihres Publikums, das in den Parks künstliche Ruinen, in der Architektur neu errichtete Herrensitze im gotischen Stil schätzte. Im geschützten Raum der Lektüre genoss es die Auftritte von Gespenstern und das gemischte Gefühl der Angstlust. Die schmutzig grauen Spinnweben imprägnierten die dunklen Räume, in denen vor Jahrzehnten jemand gestorben war, mit dem Aroma des Unheimlichen. Sie waren mit dem Staub und dem Vermodern verwandt, Rückstände einer nach ihrem Tod fortlebenden Vergangenheit.

In Jane Austens frühem Roman *Northanger Abbey* ist die Innenwelt der Heldin Catherine Morland von der Ann-Radcliffe-Lektüre so sehr durchdrungen, dass sie in der Außenwelt die Topografie der Gothic Novel und die an den Tod geknüpften verborgenen Geheimnisse partout wiederfinden will. *Northanger Abbey* erweist sich denn auch als altes Gemäuer, atmet aber im Innern den Geist der Gegenwart. Die Fenster wahren die gotische Spitzbogenform, wirken aber hell, sauber und großzügig, die Möbel sind äußerst elegant, der Rumford-Kamin, eine technische Neuerung, die gerade erst auf den Markt gekommen ist, sorgt dafür, dass der Rauch verlässlich in den Schornstein steigt, statt in den Salon einzudringen und die Wände zu schwärzen. Keine Spur vom Staub und den Spinnweben, die Catherine Morland als passionierte Leserin erwartet

Entwurf des Tricktechnikers Willis O'Brien für das Modell der Monsterspinne im Film King Kong *(1933). Die Spinnenszene wurde aus dem Film herausgeschnitten, das Modell zerstört.*

hatte. Kein aristokratischer Schurke wird ihre Unschuld bedrohen, kein aus der modrigen Vergangenheit aufsteigendes Unheil wird sie aus Northanger Abbey vertreiben, sondern das ökonomische Kalkül des Hausherrn, der ihre finanzielle Ausstattung für zu leicht befindet. Der Roman wird seine Heldin aus den Netzen der Schauerromantik befreien.

Die Spinnweben werden in der modernen Welt der Rumford-Kamine entsorgt. Ebendeshalb hatten sie als Zeichen eines Modernisierungsrückstandes eine Zukunft in der Literatur. Das Zimmer, das in Iwan Gontscharows Roman *Oblomow* dem Helden zugleich als Schlafzimmer, Kabinett und Empfangssalon dient, ist auf den ersten Blick gut eingerichtet. Auf den zweiten gibt es zu erkennen, dass darin die Zeit stehen geblieben ist. Die Zeitung neben einem vertrockneten Tintenfass stammt vom Vorjahr, die Teppiche sind voller Flecken, die Bilder an den Wänden werden von Girlanden staubiger Spinnweben eingerahmt. Von allen effektvollen Inszenierungen der Schauerromantik ist Oblomows Zimmer gereinigt. Kein Geist, kein Gespenst, kein Schurke zieht hier die Fäden des Untergangs und treibt den Verfall voran. Es reicht, dass die Zeit vergeht und der Held untätig bleibt. Die Spinnweben, die er nicht beachtet, zeigen an, dass er mit dem Rücken zur Zukunft lebt. Sie illustrieren für seine Umwelt im Roman wie für die Leser sein Weltverhältnis. Darin sind der Staub und die Spinnen gerade nicht mit dem Schrecken oder gar dem Unheimlichen verbunden, sondern mit der Paradoxie des wohligen Verfalls. Im 20. Jahrhundert werden im Zuge der Elektrifizierung der Haushalte die Staubsauger den gefährlichsten Feinden der Spinnen, den Vögeln und Wespen, an die Seite treten.

Oblomows Phlegma gegenüber den Spinnweben wird an den Räumen sichtbar, die er bewohnt. Doch es entspringt seinem Verhältnis zur Zeit. Joseph Roth, der als Erzähler ein feines Gespür für das Vergehen der Zeit besaß, hat am Beginn seiner Reportage *Die weißen Städte* über sein Verhältnis zu Spinnen geschrieben:

> *Als Knabe fütterte ich Spinnen mit Fliegen. Spinnen sind meine Lieblingstiere geblieben. Von allen Insekten haben sie, neben den Wanzen, am meisten Verstand. Sie ruhen als Mittelpunkt selbstgeschaffener Kreise und verlassen sich auf den Zufall,*

der sie nährt. Alle Tiere jagen der Beute nach. Von der Spinne aber könnte man sagen, sie sei vernünftig, sie sei in dem Maß weise, dass sie das verzweifelte Jagen aller Lebewesen als nutzlos und nur das Warten als fruchtbar erkannt hat.

Es gibt viele Betrachtungen über das Lauern der Spinnen. Indem Joseph Roth es ins ›Warten‹ umformuliert, nimmt er ihm seinen Charakter als Jagdtechnik und nähert es einem Verhältnis zur Zeit an. Die Anekdote vom Literaten Paul Péllisson, der zur Zeit Ludwigs des XIV. im Zuge einer Korruptionsaffäre um den Finanzminister Fouquet in die Bastille geworfen wurde und während der langen Jahre, die er dort verbrachte, eine Spinne zähmte, schaffte es bis in die französischen Kinderbücher der 1920er-Jahre. Zu einem Schauplatz der Naturforschung wurde im späten 18. Jahrhundert auch das Gefängnis von Utrecht. Dort saß in den frühen 1790er-Jahren der französische Naturforscher und Projektemacher Denis-Bernard Quatremère-Disjonval ein. Er war noch vor der Revolution ins holländische Exil gegangen, um sich den Konsequenzen einer gescheiterten Unternehmung zu entziehen, hatte sich den holländischen Patrioten angeschlossen und war von den Preußen, die 1787 in die Republik der Vereinigten Niederlande einmarschiert waren, festgesetzt worden. Er nutzte die siebeneinhalb Jahre Haft zu Spinnenbeobachtungen. Als 1795 seine *Araneologie* erschien, war sie geprägt von den aktuellen Revolutionskriegen. Im Zentrum der großen Wirkung des Buches stand die Wetterprophetie der Spinnen. Sie war immer schon Teil des populären Wissens und der Folklore, hier wurde sie in die Sprache der aktuellen Naturforschung übersetzt. Quatremère-Disjonval schilderte die Spinnen als lebendige Barometer, Hygrometer und Thermometer. Rasch war die Erstauflage vergriffen. Unter dem Titel *Araneologie oder Naturgeschichte der Spinnen: nach den neuesten bis jetzt unbekannten Entdeckungen vorzüglich in Rücksicht auf die daraus hergeleitete Angabe atmosphärischer Veränderungen* wurde die zweite Auflage 1798 ins Deutsche übersetzt. Sie befestigte in den Augen der Zeitgenossen die Brücke zwischen Araneologie und Meteorologie und war mit Presseauszügen zu der Anekdote versehen, durch die sich Quatremère-Disjonval über Frankreich hinaus einen gewissen Ruhm erwarb: Der französische General Jean-Charles Pichegru hatte im Winter 1794/95 während des Ersten Koalitionskrieges seine Truppen beim Vorrücken in den Niederlanden zurückziehen wollen, weil er das Tauwetter, so seine Version, fürchtete. Aus dem Gefängnis heraus ließ Quatremère-Disjonval ihm unter Berufung auf seine Spinnen die Nachricht zukommen, es werde binnen zehn Tagen starken Frost geben, und trug so zum französischen Erfolg Anfang 1795 bei. Pichegrue überquerte die gefrorene Waal und eroberte Utrecht.

Die Vibrationen der Weltspinne

Im Tierstimmenarchiv des Naturkundemuseums in Berlin, einem der ältesten und umfangreichsten seiner Art, ist eine *Hygrolycosa rubrofasciata* zu hören, die auf ein Blatt trommelt. Der digitalen Karteikarte ist zu entnehmen, dass die Geräuschsequenz am 16. April 1988 in Buckow in der Märkischen Schweiz aufgenommen wurde, nahe der ›Alten Mühle‹. Im Hintergrund sind Weidenlaubsänger, Kolkraben und Rotkehlchen zu hören. Anders als diese Vogelarten ist *Hygrolycosa rubrofasciata*, die der Familie der Wolfsspinnen angehört, den Lycosidae, eine Außenseiterin im Tierstimmenarchiv. Spinnen haben keine Stimmen und auch keine Ohren. Gleichwohl ist, was für uns Menschen die akustische Dimension darstellt, in ihre Umweltwahrnehmung eingeschlossen.

Die *Hygrolycosa rubrofasciata* führt den populären Namen ›Trommelwolf‹, aber die Trommelbewegungen, die das Männchen im Frühjahr bei der Balz auf dem Blatt einer Pflanze ausführt, locken das Weibchen nicht durch das Geräusch an, sondern durch die Vibrationen, die durch das Blatt laufen. Die vielen Härchen, die den Körper der Spinne, ihre Taster und ihre Kieferklauen bedecken, tragen dazu bei, dass sie die Welt voller Vibrationen, in der sie lebt, rasch, umfassend und trennscharf wahrnimmt. Eine Schlüsselrolle spielen die siebengliedrigen Beine, die durch ihre ›Becherhaare‹ ebenso sehr der Umweltwahrnehmung dienen wie durch die hydraulische

In der Kupferstichfolge von Georg Pencz (1500–1550) ist Tactus *das fünfte und letzte Blatt. Die Spinne im Fenster und die Weberin verweisen als Verkörperungen des Tastsinns aufeinander.*

Bewegung ihrer Hauptgelenke und durch ihre Hafthaare der Fortbewegung.

Natürlich sind die Netze, die manche Spinnen weben, eine ideale Infrastruktur der Übermittlung von Signalen durch Vibration. In ihnen übernehmen vor allem die Radialfäden diese Aufgabe. In der Vibrationswelt der Spinnen sind aber für den Beutefang auch die von Luftströmen übermittelten Signale von großer Bedeutung. Ihre Vibrationsrezeptoren sind in der Lage, den Luftstrom, den etwa eine sich im Flug annähernde Fliege erzeugt, aus dem Hintergrundrauschen des Windes oder anderer Überlagerungen herauszufiltern.

Zum Anlockungsritual bei der Balz gehören auch die chemischen Reize, die das Weibchen durch die Botenstoffe aussendet, die sie in ihre Fäden mischt. Die Sensoren der Spinnen erfassen Wärme und Kälte, Feuchtigkeit, Trockenheit und andere physikalische Eigenschaften des Terrains, in dem sie sich bewegen. Lange bevor ihr ›Vibrationssinn‹ wissenschaftlich erforscht wurde, ist die Wahrnehmungsintensität der Spinnen dem Radnetz als Projektionsfläche der Menschen an die Seite getreten. Früh wurde im Ensemble der Sinne (Sehen, Hören, Schmecken, Riechen und Tasten) die Spinne mit dem Tastsinn verknüpft.

In Ovids *Metamorphosen* taucht die Spinne nicht nur in der Arachne-Episode auf, sondern auch in der Nacherzählung der berühmten Szene aus Homers *Odyssee*, in der die Götter über das ertappte ehebrecherische Paar Aphrodite und Ares lachen, die von Hephaistos, dem Gemahl Aphrodites, mit einem kunstvoll aus Erz geschmiedeten, kaum sichtbaren Netz an das Bett gefesselt wurden: »das Werk ist unübertrefflich, wie zarteste Fäden, / Wie die Gewebe der Spinne, die oben am Balken sich spannen, / Leichten Berührungen geben sie nach und leiser Bewegung, / also fein ist's gewirkt, / und er legt sie kunstvoll ums Bette«. Die taktile Finesse der Spinnen steht hier im Dienst der strafenden Fesselung, rückt aber zugleich nah an die sinnliche Lust heran. Der Tastsinn der Menschen ist mit ihrer sinnlichen Wahrnehmung aufs Engste verbunden, mit dem Berühren der empfindlichen Haut, mit dem reflexiven Zugleich von »etwas berühren« und »sich selbst spüren«. Auf zahlreichen allegorischen Darstellungen der Frühen Neuzeit ist der ›Tactus‹ das Organ der Verführung und Verführbarkeit. Illegitime Paare turteln unter einem Spinnennetz, während Bienen die tugendhaften Paare umflattern, und zumal die Frauen stehen unter dem Verdacht, Agentinnen der Sinnlichkeit zu sein. Aber ebenso groß und ebenso tief verwurzelt wie dieses Misstrauen ist der Respekt vor dem Tastsinn. Die anderen Sinne, so ein alter Gedanke, sind an ein einzelnes Organ gebunden, der Tastsinn aber ist überall im Körper anwesend, in ihm verdichtet sich die sinnliche Natur des Menschen. Oft erscheint er als heimlicher Herrscher im Reich der Sinne, mögen dort auch offiziell die ›höheren Sinne‹ regieren, das Auge und das Ohr, die zur Distanzwahrnehmung in der Lage sind. Seine Sonderstellung macht ihn zum ›Sinn der Sinne‹, der eine eigenständige Weltaneignung jenseits der logisch-rationalen eröffnet. Das Zentralorgan hinter den euklidisch-geometrisch gedeuteten Spinnennetzen ist das Gehirn als Steuerungsinstanz der logischen Operationen. »Wir müssen glauben«, notiert Lichtenberg in seinen *Sudelbüchern*, »dass alles eine Ursache habe, so wie die Spinne ihr Netz spinnt, um Fliegen zu fangen. Sie tut dieses, ehe sie weiß, dass es Fliegen in der Welt gibt.«

Auf den Spuren der Spinnen, den Virtuosinnen des Tastsinns, tritt den Kausalnetzen und den geometrischen Konstruktionen im Naturreich das Gewebe der Empfindungen an die Seite. Was später ›Vibrationssinn‹ heißen wird, findet als feines Zittern Bewunderer, als Vervielfachung von Schwingungen, die sich im Spinnennetz von der Peripherie bis ins Zentrum fortpflanzen. Die Spinne, die im Zentrum sitzt, ist der Vereinigungspunkt dieser Bewegungen: »Wie fein doch der Tastsinn der Spinne ist! / Sie fühlt in jedem Faden und lebt im ganzen Netz«, dichtet der Engländer Alexander Pope. In Frankreich vergleicht Montesquieu die Seele in ihrem Körper mit der Spinne im Netz, die sich nicht bewegen kann, ohne ihre weitgespannten Fäden zu erschüttern, und umgekehrt von Berührungen der Fäden in Bewegung gesetzt wird. Und aus dem Blick auf den Ursprung der Fäden, ihr Heraustreten aus dem Körper der Spinne entsteht die Frage, mit der David Hume in seinen *Dialogen über natürliche Religion* die Position des Cleanthes erschüttert, der den Ursprung aller Dinge aus Absicht und Vernunft herleitet: »Warum ein geordnetes System nicht so gut aus dem Bauch wie aus dem Gehirn sollte hervorgesponnen werden können, dafür möchte es ihm schwer werden, einen befriedigenden Grund zu finden.« Durch Fragen wie diese avancierte die Spinne in der Aufklärung zum Wappentier des philosophischen Sensualismus. Der französische Autor Georges Poulet hat den Aufstieg der zunächst eher passiv und steif gedachten Spinne zum Zentrum der Gefühlsempfindungen beschrieben, das in Analogie zu Seele und Bewusstsein gesetzt wurde. Der Fluchtpunkt war im sensualistischen »Ich fühle, also bin ich« erreicht, das dem cartesianischen *Cogito ergu sum* gegenübertrat.

Im Zuge der Aufwertung des Tastsinns entzog sich die Spinne aller Verächtlichmachung in christlicher Tradition und fand mythologischen Rückhalt in der außereuropäischen Welt. Der schottische Philosoph David Hume verwies, als er den Bauch als Alternative zum Gehirn ins Spiel brachte, auf die Lehre der Brahmanen, »dass die Welt ihren Ursprung von einer unendlichen Spinne hat, welche diese ganze verwickelte Masse aus ihren Eingeweiden gesponnen hat und später das Ganze oder einen Teil vernichtet, indem sie es wieder in sich zurücknimmt und in ihr eigenes Wesen auflöst«. Während in den europäischen Naturalienkabinetten mehr und mehr außereuropäische Spinnen auftauchten, hatte ein französischer Arzt und Reisender im 17. Jahrhundert die mythische Weltspinne der indischen Upanischaden importiert. Rasch fand sie Eingang in das lexikalische Wissen, und als 1751 die *Enzyklopädie* von Diderot und d'Alembert zu erscheinen begann, tauchte die Spinne, aus der die gesamte Welt entsteht, gleich im ersten Band auf, im von Diderot selbst verfassten Artikel »Asiatiques«. Da betrachtete er sie noch skeptisch, als wenig überzeugende Erzählung für ein unwissendes Volk.

Dabei blieb es aber nicht. Die in Diderots Werk aufblühende alte Formel, dass nichts im Intellekt sei, was nicht zuvor in den Sinnen war, begünstigte Spinnengleichnisse. Wenn die Fäden, die die Spinne aus sich herausspinnt, ein empfindender Teil ihrer selbst sind, dann ist eine nach dem Modell der Spinne geschaffene Welt und mit ihr der Mensch ein in sich zusammenhängendes Gewebe von Empfindungen. Im Sommer 1769 verschaffte Diderot diesem Gedanken einen großen Auftritt. Er schrieb den Dialog *D'Alemberts Traum*, ein durchtriebenes

Schöne Frau, unheimlicher Schleier: Dora Maars Fotomontage Les années vous guettent *(The years lie in wait for you) wirft über das Gesicht der von Man Ray porträtierten Nusch Éluard ein Spinnennetz.*

Stück Literatur und zugleich ein Höhepunkt der Selbstreflexion des Menschen im Zeichen der Spinne. Teilnehmer des Dialogs sind der Mathematiker d'Alembert, der fieberkrank ist, meist schläft und gelegentlich hochschreckt, seine Freundin Mademoiselle l'Espinasse, die mitschreibt, was er träumend philosophiert, und der Arzt Bordeu. Dass es Mademoiselle l'Espinasse ist, die geistreich das Spinnengleichnis in das Gespräch einbringt, ist eine Replik auf die traditionsreiche Parallelführung von Spinnen- und Frauendämonisierung.

Im Denken Diderots wie in den Artikeln der *Enzyklopädie* waren die Schwingungen, Resonanzen und Vibrationen allgegenwärtig, ob in Artikeln über handwerkliche Gegenstände wie das Seil, Musikinstrumente oder die Nerven. Und allgegenwärtig war im Denken Diderots die Analogie als Instrument der Erkenntnis, Herstellung von Zusammenhängen und Methode der Darstellung. Das Spinnennetz als Zugleich von Vibration, Empfindung und Verknüpfung war für ihn auch deshalb attraktiv, weil sich darin sein Denkstil, das Hantieren mit Analogien in einem sinnennahen Bild spiegeln ließ. Es ist vielleicht kein Zufall, dass Spinnenbilder attraktiv werden, wenn die Zweifel an rationalistischen Denksystemen stark werden.

Den ökonomischen Obsessionen des 19. Jahrhunderts ist es nicht gelungen, lebendige Spinnen in die Maschinerie der Produktion einzufügen. Der bildenden Kunst im 21. Jahrhundert gelingt die Integration leibhaftiger Spinnen in ihre Installationen. Als der argentinische Künstler Tomás Saraceno 2018 seine Ausstellung im Palais de Tokyo in Paris organisierte, suchte er im Ausstellungsgebäude nach Spinnennetzen, zeichnete ihre Zahl und Standorte auf und vereinbarte mit der Museumsdirektion, dass sie während der Ausstellung nicht mehr entfernt würden. Er wollte ihnen die Chance geben, vom Keller in die Ausstellungsräume zu gelangen. Sein Spezialgebiet als Spinnenforscher ist jedoch die Kommunikation durch Vibration. In seiner Berliner Installation *Algo-r(h)i(y)thms* war die Netzkonstruktion zugleich Klangskulptur, die bei jeder Berührung Töne erzeugte. In die Schwingungen der Schnüre waren Frequenzmuster aus den Balzvibrationen der *Argiope keyserlingi* eingebaut, Verwandte der ›Trommelwolf‹-Aufzeichnungen im Tierstimmenarchiv des Berliner Naturkundemuseums. Die Kommunikation mit den Spinnen über den Tastsinn und die Verwandlung von Vibration in Sound inszeniert er als Einübung in eine zukunftsfähige Weltwahrnehmung. Aus der mythischen Weltspinne ist die ökologische Weltrettungsspinne geworden.

Fliegenschwarm über Spinnennetz: Diese abgründige Tintenzeichnung entstand, nachdem Alexandre-Louis Leloir (1843–1884) der Historienmalerei, für die er ausgebildet war, den Rücken gekehrt hatte.

Der grüne Heinrich und die Kunst der Reparatur

Der moderne Roman lässt sich in Analogie zu den Observatorien der Naturkunde als Medium der Menschenbeobachtung auffassen. ›Bildungsroman‹ heißt die literarische Form, der Gottfried Kellers Roman *Der grüne Heinrich* zugeordnet wird. Organisches Wachstum des Helden wird man in diesem Buch vergeblich suchen. Einem Zug der Zeit folgend, legt schon der Junge Heinrich Naturaliensammlungen an. Zunächst sammelt er Mineralien, dann, als er der Steine überdrüssig ist und an der Erstellung eines Ordnungssystems scheitert, beginnt er, Käfer und Schmetterlinge zu fangen, die er auf Nadeln in eine »zerfetzte Gesellschaft« verwandelt, bis er schließlich nach dem Besuch einer großen Menagerie eine Miniaturmenagerie aus Pappe, Holz, Draht und Zwirn erbaut. Mehrere große Spinnen fungieren darin als Stellvertreter der Tiger. Der Schrecken und die Angst, die er ihnen gegenüber empfindet – vor allem gegenüber einer Kreuzspinne, die eines Tages aus dem Käfig ausbricht –, stärken das Interesse an der Menagiere. Die »Spielerei« endet in einem grauenhaften Blutbad, das der Junge mit der glühenden Spitze eines langen dünnen Eisens unter den Tieren anrichtet.

Schließlich kommt das Zeichnen ins Spiel. Der fantastische Bilderkosmos ist ein Schritt auf dem Irrweg in die bildende Kunst. Er endet Hunderte Seiten später mit einer »kolossalen Kritzelei« in einer Sackgasse. Aus immer neu ansetzenden gedankenlosen Stricheleien ist ein »unendliches Gewebe von

Federstrichen« entstanden, das »wie ein ungeheures graues Spinnennetz« den Großteil des auf Karton gezogenen Papiers bedeckt. Kunsthistoriker haben in dieser Kritzelei, die sich als ein in sich schlüssiges Labyrinth entpuppt, die Vorgeschichte der Abstraktion erkennen wollen. Indem Heinrich Lee die gesuchte Form verfehlt, praktiziert er unwillentlich, was der Soziologe Dirk Baecker als Kern der Abstraktion definiert: »Abstrakte Kunst entsteht aus der Zerstörung des Figurativen.«

In Gottfried Kellers Roman steht das graue Spinnennetz für den Wahn, in dem der Held sich zu verfangen droht. Es wird einige Kapitel brauchen, bis er sich von ihm löst. Zum Katalysator wird eine anthropologische Vorlesung, die Heinrich Lee besucht, nachdem er an der zeichnerischen Erfassung der Anatomie einer verkleinerten Gipskopie des *Borghesischen Fechters* gescheitert ist. Die Vorlesung endet mit der Negation der menschlichen Willensfreiheit, und kaum hat der Held sich dieses Gedankens in einer eigenen kleinen philosophischen Abhandlung vergewissert, tauchen die Spinnen wieder auf. Im abgelegenen Teil eines öffentlichen Parks trifft Heinrich Lee zwischen den wilden Rosensträuchen einer Hecke auf die ausgespannten Netze einer Kolonie von Kreuzspinnen. Als er eine Fliege fängt und sie in eines der Netze wirft, wird sie sogleich von der Spinne überwältigt und eingeschnürt. So beginnt ein Experiment, in dessen Zentrum die immer neue Zerstörung und Reparatur des Spinnennetzes steht. Diebsspinnen, die auf die frische Beute zugreifen, beschädigen das Netz. Der stärker werdende Wind zerreißt den Faden, an dem es aufgehängt ist.

Die Spinne sucht an dem schwankenden Netz auf und ab kletternd zu retten, was zu retten ist, und flieht erst ins Gebüsch, als Lee mit einem Zweig das teilzerstörte Netz gänzlich hinwegstreift. Eine Viertelstunde später hat die Spinne bereits die Radialfäden eines neuen Netzes gespannt und beginnt die feineren Querfäden zu ziehen, »zwar nicht mehr so gleichmäßig wie die zerstörten; es gab lockere oder zu enge Stellen, hier fehlte eine Linie, dort zog sie eine solche zweimal, kurz, sie betrug sich wie einer, über den Schweres und Hartes ergangen ist und der sich bekümmert und mit zerstreuten Sinnen wieder an die Arbeit gemacht hat«. Die Wiederherstellung der beschädigten Form nimmt die Spuren der Beschädigung in sich auf.

In seinem Aufsatz *Die Spinne bei der Arbeit*, der 2020 eine Ausstellung des US-amerikanischen Künstlers Frederick D. Bunsen begleitete, berichtet Dirk Baecker von einem Telefonat, das er zu Beginn der 1990er-Jahre mit George Spencer-Brown führte, dem Autor des Buches *Gesetze der Form*. Spencer-Brown erzählte,

> *er habe bereits im Alter von drei Jahren versucht, herauszufinden, wie eine Spinne vor dem Fenster seines Kinderzimmers zwischen zwei Ästen ihr Netz spinnt. Jeden Abend habe er dieses Netz zerstört und sei morgens früh aufgestanden, um die Spinne dabei beobachten zu können, wie sie sich vom einen zum anderen Ast schwingt, und jedes Mal sei er zu spät wach gewesen. Das Netz war immer schon bereits gesponnen. Dennoch habe er eine für seine gesamte Arbeit wichtige Lehre aus diesem Versuch gezogen: To know a form you have to destroy it.*

Interessant ist die methodische Konsequenz, die Spencer-Brown wohl kaum als Dreijähriger gezogen hat: die Zerstörung als Instrument der Erkenntnis einzusetzen. Diese Einsicht hat immer auch in der Naturforschung eine große Rolle gespielt. Die Aufmerksamkeit auf Störungen von Handlungsabläufen, Reparaturen des Beschädigten und Korrekturen des Missglückten kann in die experimentelle Zerstörung übergehen.

Jüngst hat ein Forscherteam untersucht, wie sich die Reparaturroutinen von netzbauenden Spinnen unter den Bedingungen stärkeren Windaufkommens verändern. Die 2015 in der Zeitschrift *Animal Behaviour* publizierte Studie ergab, dass die Spinnen bei Wind rascher mit der Reparatur von Schäden beginnen, die Reparatur in der gleichen Zeitspanne wie ohne Wind erfolgte, aber ohne vollständige Behebung der Schäden.

Die Spinne, die einen Punkt sucht, an den sie ihren Faden anheften kann, steht bei den Zeitgenossen Gottfried Kellers für die Inkaufnahme des Scheiterns, die hartnäckige, enttäuschungsresistente Wiederholung der immergleichen Operation. Heinrich Lee überträgt dieses Muster vom Faden auf das Netz, das entsteht, wenn der Faden Halt gefunden hat. An die Stelle der Unverfügbarkeit des Anknüpfungspunktes tritt die Fragilität des geknüpften Netzes. Die Spinne, die sich sagt: »Es hilft nichts! Ich muss in Gottes Namen wieder anfangen!«, wird zur Hauptfigur in seiner Fortschreibung seiner philosophischen Abhandlung. Als die Not und der Ernst des Lebens ihn nach einer Kaskade gescheiterter Bildverkäufe und immer neuen Schulden fest im Griff haben, erinnert er sich an sie. Er tritt aus seinem eigenen Spinnennetz, der zum Wahn gewordenen Malerei heraus und beginnt mit dem autobiografischen Schreiben, aus dem der Roman hervorgeht. Die Spinne hat ihm den Weg gewiesen, sein beschädigtes Leben zu retten, indem er es erzählt.

Argiope, die Tigerspinne

Im hellen Kleid liegt die Tote auf der Wiese eines Parks. Unübersehbar die große schwarze Spinne leicht oberhalb der linken Brust. Tastend nähert sich die Hand des über die Leiche gebeugten Helden dem Körper seiner Geliebten. Gleich wird er ihren Mördern Rache schwören. So endet Fritz Langs *Der goldene See*, der erste von zwei Teilen des Dschungel- und Abenteuerfilms *Die Spinnen* (1919/20). Die Spinne auf der Brust von Lil Dagover bewegt sich nicht. Es handelt sich um die kunstvolle Nachbildung einer Vogelspinne. Sie ist das Wahrzeichen des verbrecherischen Geheimbunds, der sich den Namen ›Die Spinnen‹ gegeben hat. Der Held kennt das Wahrzeichen. Er hat es auf seiner eigenen Brust gefunden, als er nach einem Überfall seiner skrupellosen Widersacher aus der Betäubung erwachte.

Kurz nach diesem frühen Großauftritt einer Spinne auf der Kinoleinwand wurde Joseph Roths Fragment gebliebener Fortsetzungsroman *Das Spinnennetz* (1923) in der *Wiener Arbeiter-Zeitung* abgedruckt. Roth kehrte darin die in antisemitischen Pamphleten beliebte Metapher gegen ihre Urheber und wandte sie auf ein völkisch-antisemitisches Netzwerk an, das er der realen Organisation Consul nachgebildet hatte.

Häufig trug Joseph Roth in seinen Feuilletons nach dem Ende des Ersten Weltkriegs der wachsenden Bedeutung des Kinos Rechnung. Er berichtete über Filmpremieren, kommentierte die Figur der ›Diva‹, reflektierte über Stars als Verhaltensvorbilder;

Sie glichen »dem Tagtraum eines Gefangenen«, schrieb Siegfried Kracauer in Von Caligari zu Hitler *über die deutschen Abenteuerfilme nach 1918 einschließlich Fritz Langs* Die Spinnen.

ein eher spöttisch-distanziertes Verhältnis hatte er zum ›Sensationsfilm‹ und zum ›Monumentalfilm‹. Als er im Dezember 1921 eine Wochenschau über die Selbstanpreisung von Arbeitslosen in Amerika gegen Adolf Gärtners *Die Abenteurerin von Monte Carlo* ausspielte, traf die Polemik auch Erfolgstitel von Fritz Lang: »Ja, es war vielleicht das Kabinett der Madame Bovary oder ihr indisches Grabmal. Es war vielleicht die Sumurun Roswolskys oder der Golem des Doktor Caligari. Ich habe die Abenteurerin von Monte Carlo vollkommen vergessen. Sie interessiert mich gar nicht.« Interessiert war Joseph Roth aber am Tierfilm. Am 10. April 1924 erschien im Feuilleton der *Frankfurter Zeitung* sein Bericht über den Kurzfilm *Argiope, die Tigerspinne*, den er im Vorprogramm eines Berliner Lichtspieltheaters gesehen hatte. Die Rolle des Filmkritikers schlug Roth darin effektvoll aus. Er verwandelte das Feuilleton in ein imaginäres Kino und das Zeitungspapier in eine Leinwand, auf der er seine Prosaversion des Stummfilms vorführte, ohne Vor- und Abspann, von der ersten Zeile an ganz auf die Titelheldin fokussiert.

> *Argiope sitzt in der mathematisch berechneten Mitte eines vieleckigen Netzes, das wie eine geometrische Figur aussieht und sehr sauber gesponnen ist. Argiope erwacht des Morgens, der Tau der Sommernacht liegt auf ihren Gliedern und zittert an den Fäden des Netzes. Sie muss es säubern. Sie schüttelt es fleißig. Die Tautropfen fallen zu Boden.*

In Roths Prosaparaphrase des Naturfilms scheint die Heldin, die in immer weiteren Abständen neue Kreise durch Querfäden miteinander verbindet, eher über den Fäden zu schweben, als dass sie darüber wandert. Rasch begibt sich Argiope nach Fertigstellung des Netzes in dessen Mitte, und ebenso rasch verwandelt Joseph Roth ihre Gattungsbezeichnung in den Eigennamen einer Person. Schon beginnt die erste dramatische Sequenz. Eine Fliege verfängt sich im Netz und versucht vergeblich, mit ihren vier freien Füßchen die zwei gefesselten zu befreien. Sogleich sind alle sechs Fliegenbeine gefangen. Argiope läuft auf ihr Opfer zu, ihr Lauf wird Sprung, Sturz, Überfall. Rasch umspinnt sie ihre Beute mit Hunderten von Fäden, schleppt sie bis zum obersten Ende des letzten Kreises und hängt sie dort auf, »wie der Krämer Trockenware an die Schnüre seines Dachbodens«.

Eingeblendete Schrifttafeln erläutern im stummen Tierfilm dem Publikum, was es sieht. In Roths Feuilleton teilt die Erzählerstimme aus dem Off dem lesenden Publikum mit, Gott habe Millionen Fliegen und Milliarden Mücken geschaffen, damit die Spinnen nicht sterben, außerdem auch Spinnenmännchen, damit sie sich fortpflanzen können. Und schon ist auf der Leinwand des Zeitungspapiers zu sehen, wie sich das Spinnenmännchen Argiope nähert. Argiope spinnt es nach der Begattung ein und frisst es auf, nicht anders als zuvor die Fliege. Wichtig sind ihr nur die Kinder, bemerkt die Stimme aus dem Off. Kaum ist der dichte silberne Kokon vollendet, den Argiope für ihre Nachkommenschaft baut, setzt ein Zeitraffer ein, der sie durch immer neue Netze und Kokons rasch an das Ende ihres Lebens führt. Alt und müde geworden, stirbt sie im Herbst: »Der Sturm zerreißt ihr Netz: Argiopes Leib zerfällt, zerbröckelt und wird Staub.«

Dem Schlussbild der Prosaparaphrase des Films folgt ein knapper Abspann: »Diesen Roman sah ich im Kino. Dann gab man noch das Schicksal einer Prinzessin. Aber obwohl sie ein Mensch war wie ich, ging sie mich gar nichts an. Mich ging Argiope so nahe an, als wäre ich selbst eine Spinne.« Joseph Roths Feuilleton machte den Vorfilm zum Hauptfilm. Der Prinzessin erging es wie der Abenteurerin von Monte Carlo.

Die Verwandlung Argiopes in eine Romanfigur mit menschlichen Zügen kam den zeitgenössischen Bestrebungen der Tierfilmer entgegen. Sie debattierten gerade heftig darüber, wie mit Rücksicht auf die Unterhaltungsbedürfnisse des Kinopublikums der populärwissenschaftliche Lehrfilm von allem Lehrhaft-Didaktischen befreit werden könne. Viele Debattenbeiträge waren in dem von Reichskanzler Wilhelm Marx mit einem Vorwort versehenen Sammelband *Der Kulturfilm* (1924) enthalten. Hier schrieb Wolfram Junghans, der Regisseur von *Argiope, die Tigerspinne*, den Joseph Roth ebenso unerwähnt gelassen hatte wie die technischen Daten des 14:28 Minuten langen Films, über »Kleintiere im Film«. Junghans, von Haus aus Biologe, war aus dem Berliner Zoo in die aufstrebende Filmindustrie gewechselt und dort rasch zum gefragten Spezialisten für die Darstellung von Kleintieren geworden. Der Branchenwechsel war naheliegend, die Filmproduzenten nutzten die zoologischen Gärten mit ihren Terrarien und Aquarien nicht lediglich für die Produktion von Tierfilmen, sondern auch als Kulisse für Filme mit exotischen Sujets. Die Außenaufnahmen für Fritz Langs *Die Spinnen*, mit dem exotischen Dekor, in dem der Geheimbund in den Tempelruinen Mexikos einem Goldschatz nachjagt, wurden in einem Teil des Hagenbeck-Tierparkgeländes in Hamburg-Stellingen gedreht. Wolfram Junghans berichtet in seinem Aufsatz »Kleintiere im Film«, wie er als Tierfilmregisseur nach dem Modell des Berliner Aquariums und Zoologischen Gartens eine »tierbiologische Station« einrichtete, die zugleich als Atelier mit elektrischer Beheizung und Scheinwerferausstattung für die Aufnahme von Filmen über das Paarungsverhalten und Laichen von Fischen, über Molche, Lurche und Schnecken, Eidechsen und Schlangen diente. Die Grenzen zwischen Tierfilm und Spielfilm konnten dabei fließend sein. Junghans inszenierte 1926 unter Verwendung eines eigens im Berliner Zoo erbauten Terrariums mit großem Erfolg die fast achtzigminütige Verfilmung des Romans *Die Biene Maja und ihre Abenteuer* (1926) von Waldemar Bonsels. Die

Wo ist das gut versteckte achte Bein? Jan Augustin van der Goes hat zwischen 1690 und 1700 diese Spinne auf ein tierisches Material gezeichnet, auf Pergament.

Rolle der Spinne Thekla, in deren Fänge in der Romanvorlage die Biene zeitweilig gerät, besetzte er mit einer Kreuzspinne.

In der noch jungen Zeitschrift *Filmtechnik* berichtete Junghans im selben Jahr über die langwierigen Dreharbeiten zu *Argiope, die Tigerspinne*. Er hatte 1922 mit den Arbeiten für den Film begonnen, im ersten Sommer Argiope-Spinnen vom Ei bis zum Kokon gezüchtet und dann die Kokons überwintern lassen, im zweiten Sommer Probeaufnahmen von Netzbau, Beutefang, Häutung, Paarungsverhalten und Kokonanfertigung der sich entwickelnden Spinnen gemacht, und im dritten Sommer den Film für die Kulturfilm AG Berlin fertiggestellt. Junghans arbeitete mit großen Brennweiten, Zeitlupenapparaturen und lichtstarken Lampen. Er inszenierte Argiope als kleines Tier auf großer Leinwand.

Mit Bedacht wählte er nach eigenem Bekunden die Tierarten aus, die er in seinen Filmen porträtierte. *Argiope bruennichi* verdankt ihre populären Namen ›Wespenspinne‹, ›Tigerspinne‹ oder ›Zebraspinne‹ dem gelb-weißen, von schwarzen Querstreifen durchsetzten Muster ihres Hinterleibs. Es war naheliegend, dass Junghans die ›Tigerspinne‹ in den Filmtitel übernahm. Auch kam ihm entgegen, dass sie nicht zu den sehr kleinen Spinnen gehört. Zwar erreichen die Männchen maximal eine Körperlänge von lediglich 6 Millimetern, aber die Weibchen, um die es Junghans ging, zählen mit bis zu 25 Millimetern zu den größten mitteleuropäischen Spinnenarten. Die Kamera musste hier nicht zugleich Mikroskop sein.

Ein weiterer Vorzug dieser Spinnenart kam hinzu. Ein Faktor, der die Wirkung beeinflusste, war der Bekanntheitsgrad der Tiere. Auf Pferde, die Teil seiner Alltagswelt waren, reagierte das Publikum anders als auf exotische Schlangen. Spinnen waren den Mitteleuropäern aus eigener Anschauung vertraut. *Argiope bruennichi* aber war, wie Junghans mit Recht anmerkte, in Deutschland eher selten. Als Hauptrolle in einem Spinnenfilm konnte sie eine überraschende Besetzung sein.

Eine Studie *Zur Arealentwicklung und Ökologie der Wespenspinne* des Braunschweiger Biologen Rainer Guttmann aus dem Jahr 1979 hat Junghans’ Anmerkung spezifiziert. Lange war *Argiope bruennichi* vor allem im Mittelmeerraum heimisch. Zwar war sie schon vor 1850 in der weiteren Umgebung Berlins in einem Teilareal zu finden, das ein nacheiszeitliches Relikt sein konnte. Auch kam sie schon vor 1900 im Oberrheinischen Tiefland und im Rhein-Main-Gebiet vor. Aber erst in den Jahren, in denen Junghans seinen Film drehte, setzte ihre dynamische Arealexpansion ein.

Die Windverdriftung, die Guttmann zufolge bei der Arealexpansion Argiopes eine wichtige Rolle gespielt hat, ist ein markantes Beispiel für die aus der Fadenproduktion hervorgehende enge Verbindung der Spinnen mit der Luft. Wer schon einmal eine Spinne in einem Balkonzimmer oder im Garten hat schweben sehen, ohne zunächst ihren Faden zu bemerken, kennt diese luftige Seite ihrer Existenz. Spinnen können nicht fliegen, aber sie können sich dem Wind anvertrauen und sind in der Lage, in ihren selbst verfertigten Fadenballons in erstaunlich große Höhen aufzusteigen und Hunderte von Kilometern zurückzulegen.

In jüngerer Zeit wurde festgestellt, dass sie für ihr ›Ballooning‹ nicht nur den Wind, sondern auch die elektrostatischen Felder der Erde nutzen. Zwar tragen auch die Mobilität der Menschen und die Warenzirkulation zu den Arealveränderungen der Spinnen durch das Mitreisen in Gepäck oder Fracht bei. Aber eine wichtige Hintergrundvoraussetzung dafür, dass sich Argiope seit ihrem Auftritt im Film von Junghans bis nach Nordeuropa verbreitet hat, dürfte die Klimaerwärmung sein. Sie begünstigt bodennahe Windströmungen und zugleich die Anpassung an Lebensräume im vormals kühleren Norden.

Junghans hat in der Gegenwart zahlreiche Nachfolger gefunden, deren Videos über *Argiope bruennichi* sich auf YouTube betrachten lassen. Sein eigener Film ist verschollen. Erhalten sind lediglich sechs Filmstills, die er als Illustrationen seinem Aufsatz im *Kosmos. Handweiser für Naturfreunde* des Jahres

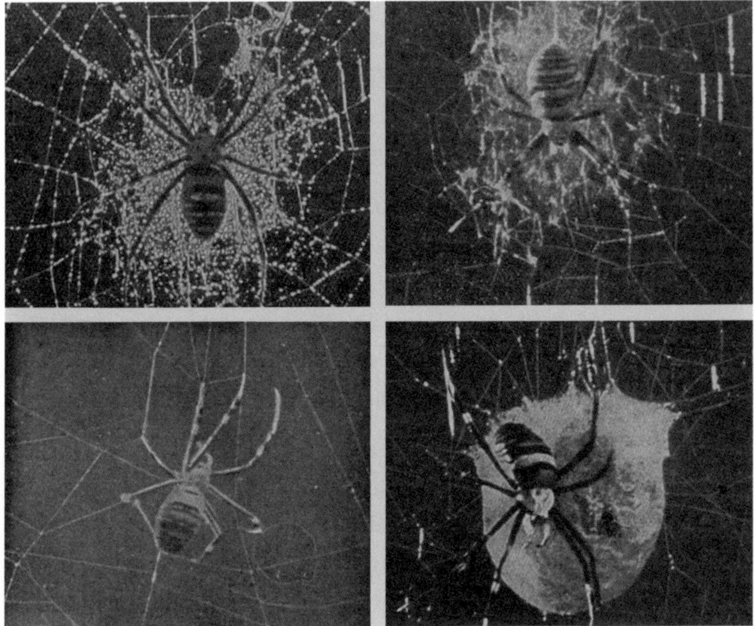

Bilder aus Argiope, die Tigerspinne, *von Joseph Roth gesehen: »Viele hundert kleine Eier birgt sie im Kokon. Und wartet. Und spinnt ein neues Netz und wieder einen Kokon. Und noch einmal einen.«*

1924 beigegeben hat. Sie lassen erkennen, dass der Film, anders als die heutigen Videos, die in aller Regel Feldbeobachtungen in der Natur dokumentieren, die Spinne in einem abstrakten Raum präsentiert, der sie als schwarzer Hintergrund umgibt. Seine Ästhetik betont den Umstand, dass es sich um eine Studioproduktion handelt. Die Hypothese, die der Biologe Junghans in seinem Aufsatz entfaltet und im Film markant in Szene setzt, betrifft die auffällige zickzackartige Seidenbahn, die radiär die Netze der *Argiope bruennichi* durchzieht. Junghans deutete sie entschlossen als ›Liebespfad‹ oder ›Hochzeitspfad‹ zur Anlockung des Männchens. Durch den Film fand die These, deren Ursprung eher die Witterung des Regisseurs für einen guten Erzählstoff gewesen sein dürfte, Eingang in Joseph Roths Feuilleton:

> *Argiope, die ein Männchen erwartet, muss ihm den Weg erleichtern. Sie spinnt ein Hochzeitsseil. Das läuft vom untersten Ende des Netzes dick und sichtbar, sicher wie eine festgefügte Brücke und bequem wie ein Teppich, bis zur Mitte. Das Männchen kommt. Wie tänzelt es, von fröhlicher Lust getrieben, den Hochzeitsweg hinan! Wie wird es empfangen! Es darf Argiope, die sauberste der Spinnen, umarmen. Es kennt nicht die furchtbaren Folgen des Rausches.*

Horst Stern kannte weder Junghans' Film noch Joseph Roths Feuilleton. Aber er kannte den *Kosmos*-Aufsatz und verband seine eigene großformatige Schwarz-Weiß-Darstellung des Zickzackbandes im Netz der *Argiope*-Spinne mit einer programmatischen Warnung vor allzu fantasiegeleiteten Blicken auf Naturphänomene im Allgemeinen und vor Junghans' ›Liebespfad‹-These im Besonderen. Er selbst entfaltete den Fächer der Hypothesen: Sind die seltsamen Seidenbahnen tatsächlich die ›Stabilimente‹, als die sie lange galten? Sind sie Ablagerungen von überflüssigem Spinnstoff, Landebahnen für anfliegende Insekten oder womöglich Tarnmasken für Argiope selbst? Im einen Fall wäre die Anlockung von Beutetieren die Hauptfunktion, im anderen der Schutz davor, selbst Beute zu werden. Stern ließ die Frage demonstrativ offen. Die aktuelle Lehrmeinung hält beide Varianten für plausibel.

Arachnophobia

Dr. Ross Jennings hat von Kindheit an Angst vor Spinnen. Darum ist es vielleicht keine so gute Idee, dass er mit seiner Familie San Francisco verlässt und in die Kleinstadt Canaima zieht. Die Autoren des amerikanischen Films *Arachnophobia* (1990) haben ihn sorgfältig konstruiert, und der Regisseur Frank Marshall hat ihm ein wunderbares altes Haus bauen lassen, mit der erträumten Holzveranda und einem Keller voller Spinnweben. Dr. Jennings wird einiges durchstehen müssen. Der Ortsname Canaima klingt nicht von ungefähr, als sei er von Südamerika nach Kalifornien geweht. Der rücksichtslos ehrgeizige und sehr medienbewusste Arachnologe Dr. James Atherton hat in einem nach außen abgeschlossenen Biotop im venezolanischen Urwald eine unbekannte hochgiftige Spinnenart aufgespürt, die es im Sarg ihres Opfers, des Fotografen der Expedition, nach Canaima geschafft hat. Es braucht kein kompliziertes Labor, damit sich die (männliche) Urwaldspinne mit einer heimischen gemeinen Hausspinne paart und eine hybride Brut zeugt, die, wenn sie sich ungehindert ausbreitet, über die kleine Stadt und die Welt kommen wird wie eine biblische Plage. Es bleibt Dr. Jennings nicht erspart, dass die Brut ausgerechnet im Weinkeller seines Hauses nistet. Es wird leicht ironische Dialoge geben, die den Zuschauern gefallen, aber die visuellen Schrecken nicht mindern. Nicht das Bild der Spinne, die an der Stange des Duschvorhangs entlangkrabbelt und von dort auf den Körper der heranwachsenden Tochter springt, nicht die vielen Spinnen, die aus dem Waschbeckenausfluss heraus und auf anderen Wegen die Herrschaft im Haus übernehmen. Die Zahl der Toten in der Kleinstadt wird rasch wachsen, die Einsicht, was hier eigentlich geschieht, bedrohlich langsam, ehe es Dr. Jennings am Ende doch gelingt, die Spinnenbrut und vor allem ihren Urheber, das venezolanische Spinnenmännchen, zu vernichten.

Der Keller, in dem das geschieht, ist schon kurz nach dem Einzug der Familie Schauplatz einer Schlüsselszene. Es gibt sie, weil die Autoren des Films die am häufigsten angewandte Behandlungsmethode der Arachnophobie kennen, die verhaltenstherapeutische ›Exposure Therapy‹. Sie konfrontiert die Patienten in Anwesenheit der therapeutischen Instanz mit den angstauslösenden Objekten und begleitet diese Annäherungen und Konfrontationen mit aufklärenden Informationen. Als resolute Therapeutin führt Molly ihren Gatten Dr. Jennings zu den Spinnweben im Keller des frisch bezogenen Landhauses, um ihm zu nehmen, was sie »diesen irrationalen paralysierenden Schrecken« nennt. »Er ist nicht irrational«, sagt Dr. Jennings, nachdem er auf die Spinnweben geblickt und von der morschen Holzleiter gestürzt ist. Der Film verbündet sich mit den Spinnen, auf der Strecke bleiben die Verhaltenstherapie und der Begriff der »irrationalen Angst«. Am Ende zieht die Familie Jennings zurück nach San Francisco. Dort bebt zweimal die Erde. Aber das kann Dr. Jennings, der eine radikale ›Exposure‹-Erfahrung hinter sich hat, nicht nachhaltig schrecken. Er lebt mit seiner Familie fortan lieber in der hektischen Großstadt mit Erdbebenrisiko als in der ländlichen Idylle, in der die Spinnen lauern.

In der Zoologie der imaginären Spinnen sind die Sonderspezies, die durch missglückte Experimente in Laboren oder, wie hier, durch Eingriff eines ehrgeizigen Arachnologen in ein in sich stabiles Ökosystem entstehen, überrepräsentiert. Die Konstrukteure von Dr. Jennings haben klugerweise auf den Einsatz von Monsterspinnen zugunsten realer Tiere verzichtet und Avondalespinnen (*Delena cancerides*) aus Neuseeland eingesetzt. Mit ihren 25 bis 32 Millimetern Körpergröße (bei Weibchen) und Beinen, die über 15 Zentimeter ausgreifen, sind sie zwar überdurchschnittlich groß, aber dennoch Kleintiere, die als unheimliche Hausspinnen erscheinen und ihr Unwesen entfalten. Dass sie mitnichten hochgiftig sind, sieht man ihnen nicht an. Kleine Spinnen, die in Massen von innen her ein ganzes Haus besetzen, können es leicht mit riesigen Monsterspinnen aufnehmen, die von außen die Fenster durchschlagen und ins Haus eindringen. Eben weil sie aus dem Alltag kommen und aus dem vertrauten Eigenheim. Sie verkörpern das Unheimliche, das aus dem Umschlag des Heimeligen resultiert, die in die Idylle eingewanderte Katastrophe.

Enzyklopädische Tiere sind die Spinnen auch durch die Vielzahl der Varianten, durch die sie Angststörungen auslösen können. In der Angst, gebissen zu werden und vom Gift nachhaltig geschädigt oder gar getötet zu werden, erschöpft sich die Arachnophobie nicht. An die Art, in der sich Spinnen fortbewegen, an ihre Gestalt, ihre Art der Anwesenheit kann sie sich anlagern. Auch an das Wort ›Spinne‹ oder ihr Bild. Die Medizin klassifiziert die Spinnenangst, da mit einem identifizierbaren Objekt verbunden, als spezifische Phobie, und stellt fest, sie könne mit dem Bewusstsein koexistieren, dass sie unbegründet ist. Die Statistik notiert, dass sie in Deutschland zu den verbreitetsten Phobien zählt und deutlich mehr Frauen von ihr betroffen sind als Männer. Die Information, dass in anderen Weltgegenden, etwa in Asien oder Afrika, Spinnen gleichmütig hingenommen, verehrt oder auch als Delikatessen genossen werden, hilft Menschen, die in Mitteleuropa an Arachnophobie leiden, wenig weiter. Groß ist die Zahl der klinischen Studien, die sich ihr widmen, denn sie stört den Alltag der Betroffenen erheblich und schränkt ihr soziales Leben ein.

Die Klinik für Psychiatrie, Psychosomatik und Psychotherapie an der Universität Würzburg hat in einer im Jahr 2023 begonnenen Studie ein Verfahren erprobt, das Effektivität und geringen Zeitverbrauch der Therapie kombinieren soll. Getestet wurde die ›Transkranielle Magnetstimulation‹, eine nicht-invasive Hirnstimulation, die das Angstgedächtnis kurz aktiviert, mit dem Ziel, die Wiederabspeicherung zu unterbrechen und so die Arachnophobie zu ›löschen‹. Dieselbe Klinik hatte in einem vorangegangenen Forschungsprojekt unter dem Titel ›Spider VR‹ gemeinsam mit dem Uniklinikum Münster die Einbeziehung von Technologien der Virtuellen Realität in die ›Exposure Therapy‹ untersucht. So wandern bildgebende Verfahren in die Therapien der Arachnophobie ein, die der Konfrontation mit den Objekten der Angst virtuelle Stellvertreter der Objekte an die Seite stellen. Es kann nicht verwundern, dass der therapeutische Zugriff auf virtuelle Spinnen inzwischen auch das Marvel Universum einschließt. Im Jahr 2019 hat eine israelische Forschergruppe ein Projekt vorgestellt, bei dem die Behandlung der Arachnophobiker durch eine ›Exposure Therapy‹ erfolgte, bei der den Probanden kurze Sequenzen aus dem Film

Als Mygale Emilia *beschrieben 1856 die* Proceedings of the Zoological Society of London *unter Bezugnahme auf Maria Sibylla Merian diese große* Brachypelma emilia *aus der Familie der Vogelspinnen.*

Spider Man, einer positiven Spinnenfigur vorgespielt wurden. Es hat seinen Reiz, sich Dr. Jennings, der nach dem *Arachnophobia*-Abenteuer nach San Francisco zurückgekehrt ist, beim Anschauen von *Spider Man* vorzustellen.

Die Bilder sind nicht nur ein Instrument der Arachnophobie-Therapie, sondern seit Langem schon eine autonome Quelle der Angst selbst. Ein Kronzeuge dieser Einsicht ist der Schriftsteller, Chemiker und Auschwitz-Überlebende Primo Levi, der die eindringlichste Selbstauskunft eines Arachnophobikers in der Literatur des 20. Jahrhunderts verfasst hat. Sein Artikel *Paura dei Ragni* (»Angst vor Spinnen«) erschien am 17. Mai 1981 in der Tageszeitung *La Stampa*. Levi hatte in seiner Kolumne für diese Zeitung schon über Schmetterlinge geschrieben, über Käfer und über seine jugendlichen Versuche mit einem Mikroskop, mit dem er Wassertropfen und Fliegen erkundete. Nun ist sein Ausgangspunkt das Bekenntnis, jener Gruppe von Menschen anzugehören, die, befragt, warum sie ausgerechnet vor Spinnen Angst hat, antwortet: »Weil sie acht Beine haben.« Damit ist der Phänotyp Spinne, ihre Gestalt, ins Zentrum gerückt und verbindet sich sogleich mit einer Kindheitserinnerung. Etwa neun Jahre alt war Levi, als er auf dem Land in einem Zimmer schlief, in dem durch eine sich ablösende Tapete jedes Geräusch wie durch den Resonanzboden einer Trommel verstärkt wurde. »Ich war gerade am Einschlafen und hatte ein Knistern wahrgenommen, das Licht angemacht, und da war das Ungeheuer: schwarz, ganz Beine, kroch es langsam die Wand herunter auf das Nachtkästchen zu, unsicheren Schritts, doch unerbittlich wie der Tod.« Die Grundidee der Kolumne Levis war, dass er als Chemiker Wissensgebiete durchstreifte, die außerhalb seines Fachgebiets lagen. Diesen Gestus behält er bei, teilt en passant mit, die Spinnenangst habe sich bei ihm gelegt, seit er in einer städtischen Umgebung lebe. Aber rasch wird sichtbar, warum er seinen Artikel überhaupt verfasst hat. Wenige Wochen zuvor hatte die Biologin Isabella Lattes Coifmann in *La Stampa* neue Forschungen über das Sexualleben der Spinnen vorgestellt. Bei der Lektüre dieses Artikels muss die scheinbar der Vergangenheit überantwortete Spinnenangst zurückgekehrt sein:

> *Alle Spinnen, von den winzigen scharlachroten, die in Steinritzen hausen, bis zu den fetten Kreuzspinnen, die kopfunter in der Mitte ihres geometrischen Netzes sitzen, jagen mir einen unerklärlichen, dabei aber ganz spezifischen, mit Ekel gemischten Schrecken ein. Ich würde eine Kröte anfassen, einen Regenwurm, eine Maus, eine Küchenschabe, eine Schnecke; und wenn ich vor etwaigen Bissen sicher wäre, sogar einen Skorpion oder eine Kobraschlange – aber nie eine Spinne. Warum?*

Keine der Begründungen, die er Revue passieren lässt, lässt Levi gelten. Nicht die der Phobiker selbst: Warum sollten acht Beine furchterregender sein als vier oder sechs? Nicht die der Tiefenpsychologen, die den Haaren der Spinnen eine sexuelle Bedeutung zuschreiben. Nicht die der Folklore in Süditalien und Spanien, die den Biss einer Tarantel dramatisiert und glaubt, der ›Tarantismus‹ sei eine tödliche, nur durch frenetisches Tanzen heilbare Krankheit. So endet die Ursachenforschung ergebnislos, bis Levi ganz am Ende des Artikels doch eine Antwort auf die Frage nach dem Ursprung seiner eigenen Angst findet. Der Neunjährige, in dessen Landhauszimmer das leibhaftige achtbeinige Ungeheuer die Wand herunterkriecht, ist nur ein Teil der Antwort. Im Zentrum steht eine andere Kindheitserinnerung. Darin fällt der erschrockene Blick des Jungen auf ein Bild, das ihn nicht mehr loslassen wird: Gustave Dorés Illustration zu den wenigen Zeilen, in denen Dante

Dante und Vergil als Voyeure: 1868 publizierte Gustave Doré seine Illustration zur Metamorphose Arachnes im zwölften Gesang des Purgatorio.

im zwölften Gesang des *Purgatorio* inmitten der Figuren des Stolzes und der Überheblichkeit die antike Arachne auftreten lässt: »O du vermessene Arachne lagest / schon halb als Spinne traurig auf den Fetzen / des Werks, das du zum Unglück dir gewoben.«

Gustave Doré setzt in seiner grauenhaften Illustration den Moment der Verwandlung der Weberin in eine Spinne ins Bild, den Dante in Worte fasst. Aber er tilgt ein Element, das bei Ovid, auf den Dante sich bezieht, eine entscheidende Rolle spielt: die rapide Schrumpfung. Stattdessen nimmt Doré die Horrorfilme des 20. Jahrhunderts vorweg. Er vergrößert die Spinnenbeine und schafft dadurch ein Monsterwesen, das noch halb Frau und schon halb Spinne ist, aber in der Dimension des menschlichen Körpers, ja sogar so, dass die Beine größer wirken als beim Menschen. Und »dort, wo man den Rücken erwarten würde«, schreibt Levi, »sind ihr sechs knotige, haarige Schmerzensbeine gewachsen: sechs, und das ergibt mitsamt den verzweifelt gerungenen Armen acht«. Zugleich ist der Frauenkörper drastisch sexualisiert, die großen Brüste sind dem bildexternen Betrachter zugewandt, der bildinterne Betrachter Dante ist mit seinem Begleiter Vergil »in den Anblick ihres Unterleibs versunken, halb angewidert, halb Voyeur«.

Kaum eine naturkundliche Einführung in die Welt der Spinnen kommt ohne ein Kapitel aus, das der Spinnenangst die Aufklärung über die weitgehende Harmlosigkeit des Spinnengifts bei den mitteleuropäischen Arten entgegensetzt. In Levis Text spielt das Gift der Spinnen nur eine kleine Nebenrolle. Dadurch tritt eine andere Quelle der Spinnenangst hervor, *die verstohlene Art und Weise, mit der die Spinne auftritt und die nun wirklich ihrer Gattung spezifisch ist: nicht mit dem kriegerischen Gesumm der Wespe, nicht mit der blitzschnellen Entschlossenheit der Maus, sondern mit dem langsamen, lautlosen Schritt von Gespenstern, kommt sie durch unsichtbare Ritzen gekrochen. Manchmal lässt sie sich senkrecht von der dunklen Decke herab, taucht plötzlich im Lichtschein der Lampe auf, an ihrem metaphysischen Faden hängend.*

Es ist unverkennbar, dass hier eine nächtliche Situation beschworen wird, in der zwei Faktoren einander zuarbeiten, die Dunkelheit und die Stille. Wer schon einmal eine Nacht in einem Schlafzimmer zugebracht hat, in dem eine Fliege, Wespe, Hummel oder gar Hornisse auftauchte, weiß, dass die Fluginsekten akustisch umso präsenter sind, je größer die Stille ist, die ansonsten herrscht. Das Unheimliche der Spinnen, auf das Levi abzielt, resultiert aus ihrer Lautlosigkeit und damit aus der Ungewissheit, ob sie da sind oder nicht. Sie können sich im konjunktivischen Zwischenbereich von Anwesenheit und Abwesenheit aufhalten. Auch darum sind sie ideale Objekte der mit der Einbildungskraft verbündeten Angst. Dass sie klein sind und nicht Monstren von der Dimension, die Gustave Doré und die Horrorfilme in Szene setzen, kommt dieser Seite ihrer Existenz entgegen. Denn was wäre, wenn in Levis Szene die lautlose Gespensterspinne nicht auf das Auge eines Wachenden träfe, sondern auf einen Schlafenden? Dann würde sie unbemerkt auf dessen Körper herumkrabbeln, und dieses Krabbeln kleiner Tiere auf dem Menschenkörper ist, wie der Kulturwissenschaftler Friedrich Kittler gezeigt hat, eine eigen-

Kennt Michael Sowas Spinne am Morgen *Degenhardts* Deutscher Sonntag? *»Wenn die Spinne Langeweile Fäden spinnt und ohne Eile giftig-grau die Wand hochkriecht, wenn's blank und frisch gebadet riecht«.*

ständige Beunruhigungsquelle. Sie sprudelt auch dann, wenn das kleine Tier nicht auf eine Körperöffnung, etwa den Mund des Schläfers, zukrabbelt.

In die pathologischen Regionen der Arachnophobie muss das Unbehagen an den lautlosen kleinen Wesen auf dem eigenen Körper nicht führen. In seinem Buch *Im Keller* hat Jan Philipp Reemtsma, über weite Passagen in der dritten Person, über seine Entführung durch Verbrecher im Jahr 1996 berichtet. Gegen Ende, als die Nachricht der gelungenen Lösegeldübergabe eintrifft, kommt in ihm das Gefühl der Dankbarkeit auf. »Wohin mit diesem Gefühl, wenn man keinen Gott hat, bei dem man es lassen kann?« Es gibt in diesem Keller nicht nur keinen Gott. Es gibt auch keine Verbrüderungsszenen mit den kleinen Tieren. Aber es gibt die kleinen Tiere. Und es gibt das Ich, das plötzlich aus der dritten Person hervortritt:

> *Es waren Spinnen in seinem Keller, die dort der trockenen Luft wegen gut gediehen. In all den Tagen hatte er sicher an die zwanzig von ihnen getötet, denn er mochte Spinnen nicht, jedenfalls dann nicht, wenn er sich vorstellte, dass sie nachts auf ihm herumliefen. Nachdem er die Nachricht gelesen hatte, war da wieder eine Spinne, die mitten über den Teppich taperte. Er dachte an die Geschichte aus Johann Peter Hebels ›Hausfreund‹, wo ein Matrose sich mitten in der Seeschlacht bückt, um sich ein Ungeziefer aus dem Haar zu streifen, und dadurch der tödlichen Kanonenkugel entgeht. Also tötete er die Spinne nicht. Auch keine andere mehr in diesen Tagen. Wenn man mich fragte, was ich ›Blasphemie‹ nennen würde, wäre meine Antwort: In diesem Keller eine Spinne zu töten.*

Schwarze Witwe, Gute Mutter, Kluge Weberin

Wie ein großer, bedrohlicher Schatten liegt der Name ›Schwarze Witwe‹ über den Spinnen, die er bezeichnet. Er verbindet sie mit Frauen, die ihre Männer getötet haben und durch die Medien geistern. Unweigerlich ruft das Wort ›Witwe‹ die Vorstellung eines wie auch immer gearteten Zusammenlebens hervor, das der Tat vorausging. Bei den Schwarzen Witwen im Tierreich, die zur Familie der Kugelspinnen gehören, den Theridiidae, ist das anders. Hier gibt es kein Zusammenleben zwischen den weiblichen und männlichen Spinnen, und wenn sie zusammenkommen, dann ausschließlich, um für ihre Reproduktion zu sorgen. Es kommt vor, dass die Männchen den Akt der Begattung nicht überleben, aber ein vorgestanztes Muster, das diesen ›sexuellen Kannibalismus‹ erzwingt und garantiert, gibt es nicht. Ein Grundmuster ist allenfalls, dass zu den Beutetieren vieler Spinnen auch Spinnen zählen.

Mit Geduld, Umsicht und unter Einsatz moderner Technologien haben Spinnenforscherinnen (und auch -forscher) das Paarungsverhalten der Schwarzen Witwen untersucht, bei der mediterranen *Latrodectus tredecimguttatus*, die auch Malmignatte heißt, wie bei der *Latrodectus hesperus*, die im südwestlichen Kanada, in den westlichen Regionen der USA, aber auch in Texas, Arizona, Kalifornien und bis nach Mexiko zu finden ist. Aus dem Schatten, den ihr bildkräftiger populärer Name wirft, treten die schwarz glänzenden Kugelspinnen bei näherer Betrachtung heraus. Je genauer die Beobachtung, desto weniger bleibt vom schlichten Fressen und Gefressenwerden. Kompliziert ist der Paarungsvorgang ohnehin bei allen Spinnen, auch hier erweisen sie sich in der Fülle der Variationen als enzyklopädische Tiere. Funktional und umwegig zugleich ist das Kerngeschehen, die Zusammenführung des Spermas der Männchen mit den Eiern der Weibchen. Das paarungsbereite Männchen baut eigens ein kleines Netz, um darauf einen Spermatropfen abzusondern, den es dann in das Begattungsorgan an seinem Taster, dem Pedipalpus einsaugt. Die Form dieses Organs und die Geschlechtsöffnung des Weibchens sind so aneinander angepasst, dass bei der Paarung der feste Halt gewährleistet ist. Der sukzessiven Kombination von Spermanetz und Füllung des Kopulationsorgans beim Männchen entspricht die zweistufige Kombination von Sperma und Ei bei den Weibchen. Das von den Männchen in die Geschlechtsöffnung des Weibchens hineingepumpte Sperma geht in ein Reservoir im Hinterleib des Weibchens ein, das mit dem Uterus verbunden ist. Erst wenn das Weibchen die Eier aus den Eierstöcken entlässt und durch den Uterus nach außen führt, werden sie während dieses Vorgangs befruchtet.

Diese organische Ausstattung garantiert aber nicht schon den Fortpflanzungserfolg. Das paarungswillige Männchen muss paarungsbereite Weibchen lokalisieren, die Annäherung muss erfolgreich vonstatten gehen, unter den gesetzten Bedingungen von Zeit und Raum. Bei frei laufenden Jagdspinnen, die mit guten Augen oder mittels Duftstoffen, Pheromonen ihre Partner finden, geschieht das anders als bei den netzbauenden Spinnen, zu denen die Schwarzen Witwen zählen. Die

Paarungszeit beginnt, wenn die Organe vollständig herausgebildet sind, meist im Frühjahr. Da sie begrenzt ist, wird sie zur ablaufenden Frist. Eine Schlüsselrolle bei der Anlockung spielen die Sexualpheromone, mit denen die Weibchen die Fäden versehen können. Und kaum ein Element kommt nicht zum Tragen, wenn die Männchen bei der Annäherung an die Weibchen das Risiko eingehen, als Beute wahrgenommen zu werden. Zur modernen Spinnenforschung gehören Testreihen, bei denen die Frequenz und Struktur der von Fliegen oder Grillen in den Seidenfäden ausgelösten Vibrationen mit denen der artspezifischen Männchen abgeglichen werden. Die Differenz ist ein Sicherungsfaktor, aber keine Überlebensgarantie. Auch die Differenz der Körpergrößen von weiblichen und männlichen Spinnen spielt eine wichtige Rolle. Klein zu sein kann die Überlebenschancen der Männchen erhöhen. Und auch ihr Alter ist von Bedeutung. Die ablaufende Zeit ist nicht neutral. Eine lange Paarungsdauer begünstigt die quantitative Samenübertragung, steigert aber zugleich das Risiko für das Männchen. Da die Paarungszeit endlich ist, steht es zudem, je mehr von ihr verstreicht, unter zunehmendem Erfolgsdruck. So kommt es zumal bei alten Männchen zu der Option, für die Sicherung der Fortpflanzungsgewissheit den Verlust von Körperteilen oder das Kannibalisiertwerden in Kauf zu nehmen. Spinnenforscherinnen wie Jutta Schneider von der Universität Hamburg beschreiben Vorgänge wie diesen in dezidiert nüchterner Terminologie als ›terminales Investment‹. Es kann sich auch deshalb lohnen, weil das zur Beute, also Nahrung gewordene Männchen die Qualität der Eier, die es befruchtet, mitbestimmt. *Argiope bruennichi*, die Wespenspinne, die Joseph Roth faszi-

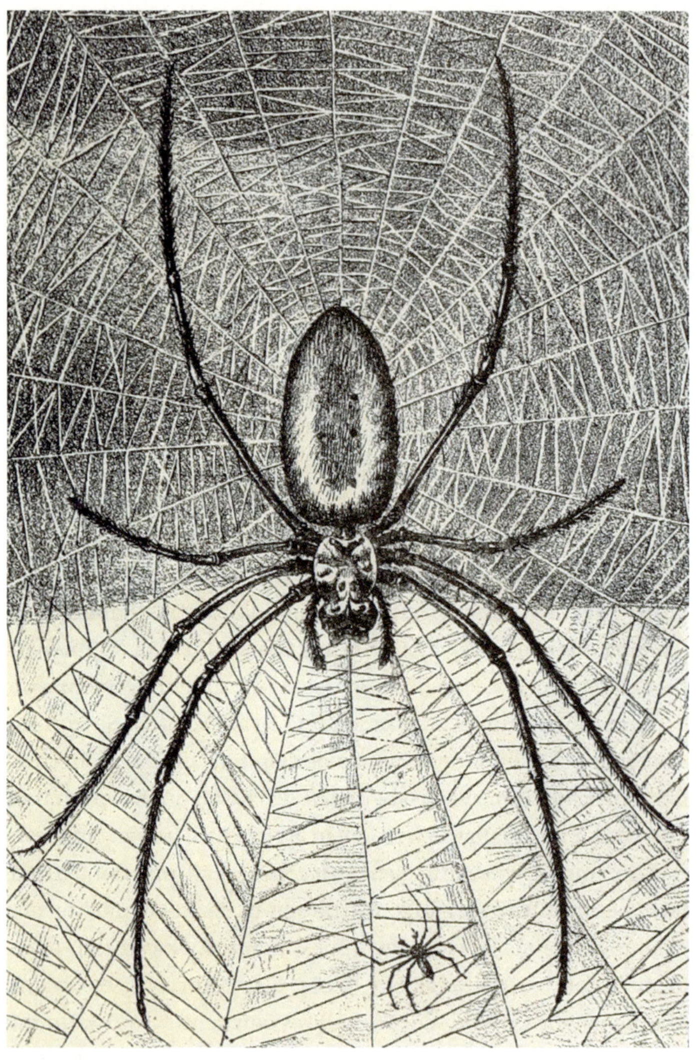

Hoffnungsträgerin der industriellen Seidenproduktion: »Araignée fileuse de Madagascar«, erschienen 1895 in den Rapports *des Laboratoire d'Études de la Soie an die Handelskammer von Lyon.*

nierte, kann es an kannibalistischer Energie mit den Schwarzen Witwen leicht aufnehmen. Entsprechend ausgereift sind die Strategien, mit denen die Männchen der Wespenspinne bei der Paarung agieren, um sowohl dem Risiko der Kannibalisierung wie der Notwendigkeit Rechnung zu tragen, den eigenen Samentransfer gegenüber konkurrierenden Männchen zu sichern. Männchen, die sich für die zweimalige Paarung mit einer einzigen Wespenspinne statt für die Paarung mit zwei Weibchen entschieden haben, verstopfen nach der Paarung die Geschlechtsöffnung des Weibchens mit einem eigenen Körperteil.

Die Feinheiten des sexuellen Kannibalismus, die Paarungsentscheidungen und Strategien der Sicherung des Fortpflanzungserfolgs, die Techniken der Risikominderung und Investitionen von Körperteilen bis hin zum ›terminalen Investment‹ des eigenen Überlebens bei den Schwarzen Witwen oder Wespenspinnen treten in der Spinnenforschung immer deutlicher hervor. Im allgemeinen Bewusstsein dominiert, zumal bei den Schwarzen Witwen, die Assoziation von sexuellem Kannibalismus und tödlichem Gift. Stark ist das Gift der Westlichen Schwarzen Witwe (*Latrodectus hesperus*) in Nordamerika, für Menschen aber kaum tödlich. Bisse der Europäischen Schwarzen Witwe rufen in der Regel allenfalls Schweißausbrüche, Übelkeit, Erbrechen und Fieber hervor. Auch hier ist die Giftkonzentration aber hinreichend, um die Wortkombination ›Witwe‹, ›Tod‹ und ›schwarz‹ zu einer Einheit zu verschmelzen.

Vielfältig sind bei den Spinnen die Formen der Kokons, ihre Lagerung am Körper der Weibchen, in der Vegetation oder in den Netzen. Nach dem Ausschlüpfen bedürfen die sogleich bewegungs- und überlebensfähigen Jungspinnen keines Trainingsprogramms, wohl aber der Nahrungszufuhr. Es gibt das als ›Regurgitation‹ bezeichnete Phänomen der Fütterung von Mund zu Mund. Manche Webspinnenarten versorgen die Jungtiere mit ihren Körpersäften, wobei die Mutterspinnen ausgesaugt werden. Aber im Kontrast zu den Säugetieren und Vögeln sind die Spinnen kaum mit Bildern der Brutfürsorge oder der ›Mütterlichkeit‹ verknüpft. Umso bemerkenswerter ist die ästhetische Energie, mit der die französische Künstlerin Louise Bourgeois (1911–2010) im späten 20. Jahrhundert die Gestalt der Spinne, die Figur der Mutter und die Eier als Chiffren der Reproduktion in Installationen und Skulpturen verknüpft hat, die in ihren Dimensionen den Monsterspinnen der Horrorfilme nicht nachstehen. 1997 entwickelte Bourgeois die Installation *Spider*, in der eine Rundzelle aus dicht geknüpftem Maschendraht von einer mehrere Meter hohen Spinne aus Stahl überwölbt wird. Sehr klein im Verhältnis zu den riesigen dünnen Beinen, die mit ihren spitzen Enden auf dem Boden aufruhen, wirkt der stark vereinfachte Spinnenkörper, an dessen Unterseite als Kokon-Surrogat ein Drahtkorb mit Eiern angebracht ist. Das Künstlerbuch *Ode à ma Mère* (1995) mit neun Radierungen ging der Skulptur voran und verband die metallenen Geflechte und Fäden der Installation mit der Privatmythologie der Künstlerin, die einer Familie von Teppichrestauratoren entstammte. Durch das Nähen, Weben und vor allem Ausbessern rückte die Mutter als Figur der Autonomie und Reparatur an die Welt der Spinnen heran, die ihre Fäden und Gespinste aus sich selbst heraus erzeugen. Die Geschlechterspannung zwischen den Eltern, die Bourgeois häufig ins Zentrum gestellt hatte, trat zugunsten der Hommage an die Mutter zurück. Die

Die behütende Spinne Maman *von Louise Bourgeois vor dem Guggenheim Museum in Bilbao. Man beachte ihre formale Ähnlichkeit mit der* Tarantula *des Filmplakats auf Seite 70 in diesem Buch.*

Tapisseriereste über einem kleinen Sessel im Interieur der Maschendrahtzelle verwiesen auf ihr Handwerk, die Eier unter dem kleinen Spinnenkörper auf die Reproduktion, jedoch allenfalls indirekt auf ein männliches Gegenüber der weiblichen Spinne. Wenige Jahre später wurde *Maman* zum Titel einer noch größeren monumentalen Spinnenskulptur aus rostfreiem Stahl, die in Bronzeabgüssen weltweit an mehreren Orten fest aufgestellt und zudem häufig in Ausstellungen gezeigt wurde. Auch hier waren die riesigen acht Beine das visuell dominante Motiv, auch hier war der abstrahierte kleine Spinnenkörper mit einem Korb und Eiern verbunden, aber die Zelle war dem

Luftraum gewichen, den die Skulptur überspannte. Auch hier war die große filigrane Spinne mit der Privatmythologie der Künstlerin verknüpft, die es nahelegte, sie als eine bergende, schützende Gestalt zu sehen.

In den homerischen Epen singen Kalypso und Circe, während sie weben, Helena webt das Schlachtgeschehen, von dem der dritte Gesang der *Ilias* berichtet, in ein Tuch. Manuelle Geschicklichkeit und geistige Beweglichkeit fließen in der List zusammen, durch die Penelope die Freier täuscht. Im griechischen Chorgesang wird das Weben zur metaphorischen Ressource für die Selbstdarstellung poetischer Sprache. Aus der griechischen Vorgeschichte tritt Ovids Arachne hervor. Sie entstammt der Welt des ›Textus‹ und der ›Textura‹, des lateinischen Gewebes und Geflechtes. In der Philologie und den Kulturwissenschaften des späten 20. Jahrhunderts wird Arachne in feministischen Lektüren zu einer Schlüsselfigur der Selbstreflexion weiblichen Schreibens. Roland Barthes hatte 1973 in *Die Lust am Text* die lateinische Wortbedeutung von Text als Gewebe aufgegriffen und von der Vorstellung des fertigen Schleiers gelöst, hinter dem sich eine mehr oder weniger verborgene Wahrheit verbirgt. Der Text war bei ihm das sich fortwährend selbst bearbeitende Gewebe, in dem sich das Subjekt auflöst »wie eine Spinne, die selbst in die konstruktiven Sekretionen ihres Netzes aufginge«. Und er hatte hinzugefügt: »Wenn wir Freude an Neologismen hätten, könnten wir die Texttheorie als eine *Hyphologie* definieren (*hyphos* ist das Gewebe und das Spinnennetz).«

Gegen Roland Barthes' Hyphologie und eine Vorstellung vom Text, in der die Frage nach dem Geschlecht der Schreibsubjekte ausgespart war, setzten Autorinnen wie Nancy K. Miller die ›Arachnologie‹. Darin sollte die patriarchalische Ordnung, von der Arachnes im Wettstreit mit Athene entstandenes Gewebe berichtet, kenntlich werden. Arachne ist in den feministischen Neulektüren dezidiert eine Figur weiblichen Schreibens, eingerahmt von Ariadne und ihrem Faden und dem Vergewaltigungsopfer Philomele, die mit dem Weberschiffchen kundtut, was sie mit der Zunge nicht mehr sagen kann. Die Neuentdeckung Arachnes im 20. Jahrhundert hatte einen Vorlauf in Virginia Woolfs *Ein Zimmer für sich allein* (1928/29), dem Streifzug durch die Bibliotheken unter dem Stichwort »Women and Fiction«. Darin war in enger Nachbarschaft zur imaginierten Biografie von Shakespeares Schwester das beschädigte oder verformte Spinnennetz als Bild des beschädigten Lebens enthalten:

> *Fiction ist wie ein Spinnennetz, wenn auch nur ganz leicht befestigt, so doch an allen vier Enden dem Leben verbunden. Oft ist diese Verbindung kaum sichtbar; Shakespeares Stücke z. B. scheinen dazuhängen, als wären sie aus sich selbst vollkommen. Aber wenn das Spinnweb seitwärts gezerrt, am Rande verhakt oder in der Mitte zerrissen worden ist, dann erinnert man sich, dass diese Spinnweben nicht von körperlosen Wesen freischwebend gesponnen werden, sondern das Werk leidender menschlicher Wesen, und mit handfesten materiellen Dingen verbunden sind wie Gesundheit und Geld und den Häusern, in denen wir leben.*

Arachne war in dieser Passage nicht erwähnt. In einer Anthologie zur ›Arachnologie‹ wäre sie dennoch am rechten Platz.

Große Feenlämpchenspinne
Agroeca brunnea

Brown Lace-Weaver Spider
Agroeca brune

Der charakteristischen Form ihres Kokons verdankt die Große Feenlämpchenspinne den poetischen Namen, den sie in der deutschen Alltagssprache führt. Sie trägt ihn auch deshalb, weil man dem häufig an Pflanzenstängeln aufgehängten Kokon leichter begegnen kann als der hellbraunen bis rotbräunlichen Spinne selbst. Sie ist nachtaktiv und lebt tagsüber im Verborgenen, etwa im Moos oder unter kleinen Hölzern. Sie gehört zur Familie der Feldspinnen, der Liocranidae, und ist nicht wählerisch, was ihre Lebensräume betrifft. *Agroeca brunnea* ist in Europa, Nordafrika und Asien zu finden, lebt bevorzugt in Wäldern und an Waldrändern, aber auch in trockenem Gelände oder auf Feuchtwiesen. Netze baut sie nicht, sondern erlegt ihre Beute als Laufjägerin. Wie die Glockenform des Kokons entsteht, haben die Spinnenforscher herausgefunden: indem sich die Spinne, während sie ihn baut, am dünnen Glockenstiel hängend mit ihren Spinnseidefäden in einer fortwährenden Kreisbewegung dreht. Den fertigen Kokon pflegt sie mit Erdkrumen oder kleinen Steinchen zu tarnen, sodass er nicht weithin weiß leuchtet. Er enthält zwei Kammern. In der oberen sind die etwa 50 Eier enthalten, in der unteren leben später die eben geschlüpften Jungtiere ihrer ersten Häutung entgegen, nach der sie den Kokon verlassen. Ihnen kommt die Tarnung zugute, die das schöne Glockengebilde als gewöhnlichen Lehmklumpen erscheinen lässt.

Große Zitterspinne
Pholcus phalangioides

Cosmopolitan Cellar Spider
Pholque phalangide

In Johann Caspar Füsslis *Verzeichnis der ihm bekannten Schweitzerischen Inseckten mit einer ausgemahlten Kupfertafel nebst der Ankündigung eines neuen Insecten Werks* (1775) heißt es im Abschnitt über die VII. Klasse der Insekten (*Aptera*. Ohne Flügel, Ungeziefer) lapidar: »*Aranea phalangoides*: In Genf, in den Weinkellern und verschlossenen Gewölben nicht selten.« Der World Spider Catalogue verweist auf Füssli als Erstbeleg einer naturkundlichen Erwähnung der Großen Zitterspinne. Füssli, ein Bruder des Nachtmahr-Malers Johann Heinrich Füssli, hatte sich auf naturkundliche Illustrationen spezialisiert, war Entomologe, Buchhändler und Verleger. Zwischen Spinnen und Insekten unterschied er nicht. *Aranea phalangoides* führte er in unmittelbarer Nachbarschaft zu Holzlaus, Tierlaus, Floh und Milbe ein. Stets notierte er, wo eine Spinne zu finden sei: »Auf Bäumen nicht selten.« Oder: »Auf Blumen nicht selten.« Oder auch: »In Häusern nicht selten.« Die Langbeinigkeit der Großen Zitterspinne erwähnte er nicht, ihre Herkunft aus Asien dürfte ihm unbekannt gewesen sein. Mit ihren 7–10 Millimetern Körperlänge ist sie die größte Art in der Familie der Pholcidae, der Zitterspinnen. Ihre unregelmäßigen Fangnetze baut sie nicht nur in Kellern, sondern auch in Wohnräumen. Zentralheizung ist ihr nicht unangenehm. Zu ihrem Beutespektrum zählen andere Spinnen. Den Lebensraum mit ihr zu teilen ist riskant. Wenn die Hauswinkelspinne *Tegenaria domestica* ihr zu nahe kommt, überlebt sie das oft nicht.

Große Wanderspinne

Cupiennius salei

Tiger bromeliad spider
Araignée errante

Die Große Wanderspinne zählt zu den nachtaktiven Jagdspinnen, die keine Netze bauen. Ihre Beutetiere sind Schaben, Grillen, Nachtfalter und andere Insekten. Ihr Verbreitungsgebiet ist das nördliche Mittelamerika. Aber nicht nur in den tropischen Regionen ist *Cupiennius salei* anzutreffen. Sie ist ein Star der biologischen Forschung, tausendfach gezüchtet und in Laboren als Pionierobjekt untersucht, das seit dem späten 20. Jahrhundert das Studium der Physiologie der Spinnen beförderte, ihrer Wahrnehmung von Luftbewegungen, ihrer Kommunikation durch Vibrationen, denen die Pflanzen, auf denen die Großen Wanderspinnen sitzen, als signalübertragende Kanäle dienen. Friedrich G. Barth, der durch Freilandbeobachtungen in Mittelamerika wie durch Laborarbeit dazu beigetragen hat, dass *Cupiennius salei* zu den am besten erforschten Spinnenarten zählt, hat in seinem Buch *Sinne und Verhalten. Aus dem Leben einer Spinne* (2001) berichtet, dass der Großmarkt in München aus Furcht vor giftigen Tieren und Schädlingen um 1960 eine Stelle für die Registrierung exotischer Mitreisender tropischer Früchte eingerichtet hatte, die mit dem Zoologischen Institut der Universität München zusammenarbeitete. So fanden Große Wanderspinnen mit einer Körperlänge von etwa 3 Zentimetern und einer Beinspannweite von 10 Zentimetern den Weg von der Markthalle ins Labor. Der Aufschwung der neurobiologischen Spinnenforschung war ein Verdienst der ›Bananenspinnen‹.

Apulische Tarantel

Lycosa tarantula

Tarantula Wolf Spider
Lycose de Tarente

Die Apulische Tarantel trägt die Stadt Tarent im Namen. Mit ihrer Körperlänge von bis zu 25 Millimetern bei den Männchen und bis zu 30 Millimetern bei den Weibchen zählt diese mediterrane Wolfsspinne im europäischen Maßstab zu den größeren Spinnen. In einer Tabelle der Arten mit dem höchsten Verbrauch an Druckerschwärze würde sie zu den Spitzenreitern zählen, so viel ist über sie geschrieben worden. Der Geograf Anton Friedrich Büsching publizierte im Jahr 1772 *Eigene Gedanken und gesammlete Nachrichten von der Tarantel, welche zur gänzlichen Vertilgung des Vorurtheils von der Schädlichkeit ihres Bisses, und der Heilung desselben durch Musik, dienlich und hinlänglich sind.* Die Schweißausbrüche, das Fieber und die Schwindelanfälle der ›Tarantati‹ führte Büsching auf die sommerliche Hitze bei der Feldarbeit zurück. In den vorgeblichen Opfern der Tarantel witterte er Betrüger aus den niederen Schichten, die eine wirkungsvolle Bettelstrategie ersonnen hatten. Jeder moderne Spinnenführer stimmt mit Büsching darin überein, dass von einem Biss der Apulischen Tarantel keine größere Gefahr ausgeht als von einem Wespenstich. Während im Europa der Frühen Neuzeit die Apulische Tarantel berühmt wurde, übertrugen Auswanderer und Kolonisatoren seit dem 16. Jahrhundert den Namen auf die südamerikanischen Vogelspinnen. Bis heute ist diese Namensmigration erfolgreich. Das aktuelle Standardwerk zu den süd- und mittelamerikanischen Theraphosidae trägt den Titel *New World Tarantulas*.

Mauer-Zebraspringspinne
Salticus scenicus

Zebra Spider
Saltique Arlequin

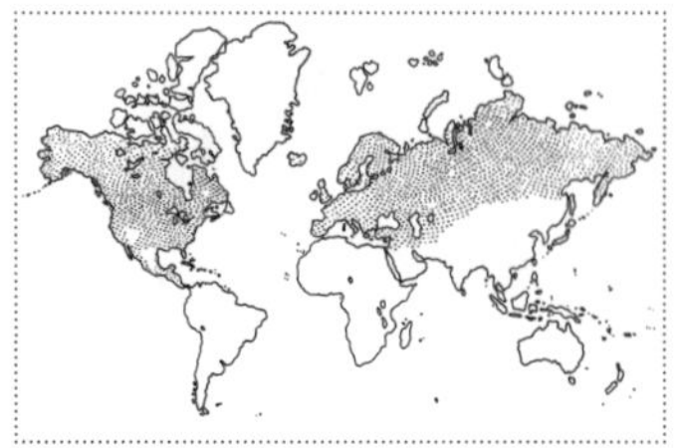

In den volkssprachlichen Trivialnamen der Spinnen ist ein Verzeichnis ihrer Lebensräume, Jagdtechniken und Körpermerkmale enthalten. Die Zebraspringspinne erinnert durch ihre schwarz-weiße Körperzeichnung an ihren Namensgeber, wird aber im Deutschen wie im Französischen auch ›Harlekin-Spinne‹ genannt. Dieser Trivialname dürfte von ihrer hüpfenden Fortbewegungsart angeregt sein. Da sie zu den tagaktiven Springspinnen (Salticidae) zählt, sind die Augen für sie von besonderer Bedeutung. Sie gehören zu den leistungsfähigsten im Spinnenreich. Durch den Aufschwung der sinnesphysiologischen Spinnenforschung ist das fein austarierte Zusammenspiel zwischen der visuellen Wahrnehmung und der Sprungtechnik beim Beutefang hervorgetreten. Dazu gehören neben den Mechanismen der Feinmotorik, die den blitzschnellen Sprung ermöglichen, auch die von außen unsichtbaren Netzhautbewegungen im Inneren des Kopfes, die zur Blickfixierung auf Beuteobjekte wie Fliegen, Käfer oder Stechmücken beitragen. Die großen, markanten vorderen Mittelaugen erfassen in Verbindung mit den vorderen Seitenaugen und den hinteren Augenpaaren die Umgebung nahezu in Rundumsicht. Die Körperlänge der Zebraspringspinne misst nur 7 Millimeter, sie kann aber über 40 Zentimeter entfernte Minimalbewegungen wahrnehmen. Da sie tagaktiv und ein ›Kulturfolger‹ ist, der vor allem in Gebäuden lebt, gerät sie an Hausfassaden, Wänden im Hausinnern oder Fensterbrettern leichter ins Blickfeld der Menschen als viele andere Spinnen.

Indische Kooperative Spinne
Stegodyphus sarasinorum

Indian cooperative spider
L'araignée indienne sociale

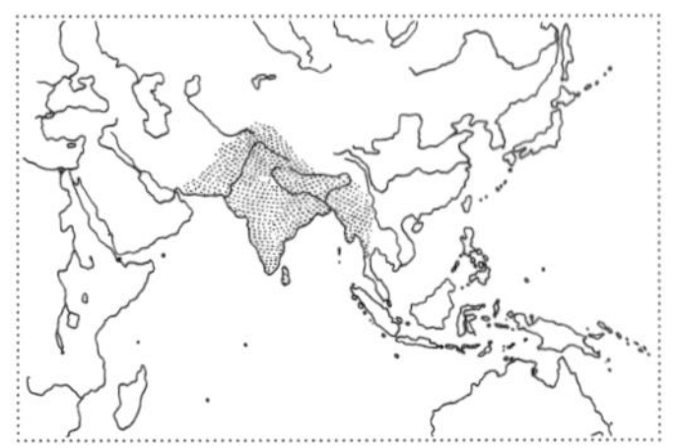

Mindestens so auffällig wie eine bizarre Form des Kokons, eine große Beinspannweite oder andere Körpermerkmale ist das soziale Verhalten, dem die Indische Genossenschaftsspinne ihren Namen verdankt.
Sie ist nicht nur in Indien und Pakistan, sondern auch in Afghanistan, Sri Lanka und Myanmar verbreitet. Die Spinnen sind für ihr Einzelgängertum wie für ihren Kannibalismus gegen Artgenossen berühmt, der den sexuellen Kannibalismus einschließt. Umso mehr beeindrucken die Ausnahmen. Die sozialen Spinnen, zu denen *Stegodyphus sarasinorum* zählt, kooperieren innerhalb der eigenen Art bei der Brutpflege, beim Beutefang, beim Netzbau. So verbindet die Indische Genossenschaftsspinne die einzelnen, zwischen Baumästen befestigten Wohnnester durch ihre Kräuselfangfäden zu Gemeinschaftsnetzen. Kooperation ist nur möglich, wenn die Aggression gegen die eigene Art ausgeschaltet ist. Dafür sorgt die Geruchswahrnehmung, die bei den beteiligten Spinnen das arteigene Pheromon identifiziert und Gemeinschaftszugehörigkeit signalisiert. In den 1970er-Jahren wurden in der Öffentlichkeit die sozialen Spinnen gern im Modell der ›Kommune‹ beschrieben, weil bei ihnen, anders als etwa bei Ameisen, die Kooperation ohne Einbindung in Hierarchien erfolgt. Eine egalitäre Intention aber ist es nicht, die bei der Indischen Genossenschaftsspinne die Kooperation hervorbringt. Entscheidend sind der Schutz gegenüber Außenweltrisiken und ernährungsphysiologische Vorteile.

Gewöhnliche Speispinne

Scytodes thoracica

Spitting Spider

Araignée cracheuse

Die gewöhnliche Speispinne stammt ursprünglich aus dem Mittelmeerraum, wo sie trockene Gebiete bevorzugt und gern unter Steinen lebt. Als Mitreisende der Warenzirkulation ist sie nach Nord- und Südamerika, nach Südafrika, Asien und bis nach Australien gelangt. Lange schon hat sie ihr Verbreitungsgebiet ins kühlere Mitteleuropa ausgedehnt und dort zunächst in Gebäuden gelebt. Im Zuge der Erderwärmung ist sie auch hierzulande im Freiland aufzufinden. Doch fällt sie nicht leicht ins Auge. Sie ist mit einer Körperlänge von 4 bis 6 Millimetern klein, nachtaktiv und lebt tagsüber unauffällig in Spalten, hinter oder unter Möbeln im Innern von Häusern. Auffällig ist die Fangtechnik, mit der sie Mücken, Fruchtfliegen, Staubläuse und andere Insekten zur Strecke bringt. Sie hat ihr den Namen ›Leimschleuderspinne‹ eingetragen. Netze baut sie nicht. Lauernd bewegt sie sich langsam voran, lokalisiert ihre Beute mit ihrem vorderen Laufbeinpaar, das als empfindliches Tastorgan jeden Luftzug registriert. Mit bloßem Auge ist weder die rasche Bewegung zu erkennen, durch die sie das Beutetier fest an den Untergrund bannt, noch das Zickzackmuster, in dem sich das Gift-Leim-Gemisch über die Beute legt. Die übergroße Mehrheit der Spinnen hat eine Körperlänge von nicht mehr als 5 Millimetern. Würden diese kleinen, meist übersehenen Spinnen plötzlich aus der Welt verschwinden, wäre eine drastische Zunahme der Insekten, zumal in der Luft, die Folge. Die Speispinne selbst trägt dazu wenig bei, aber insgesamt sind die kleinen Spinnen eine Großmacht.

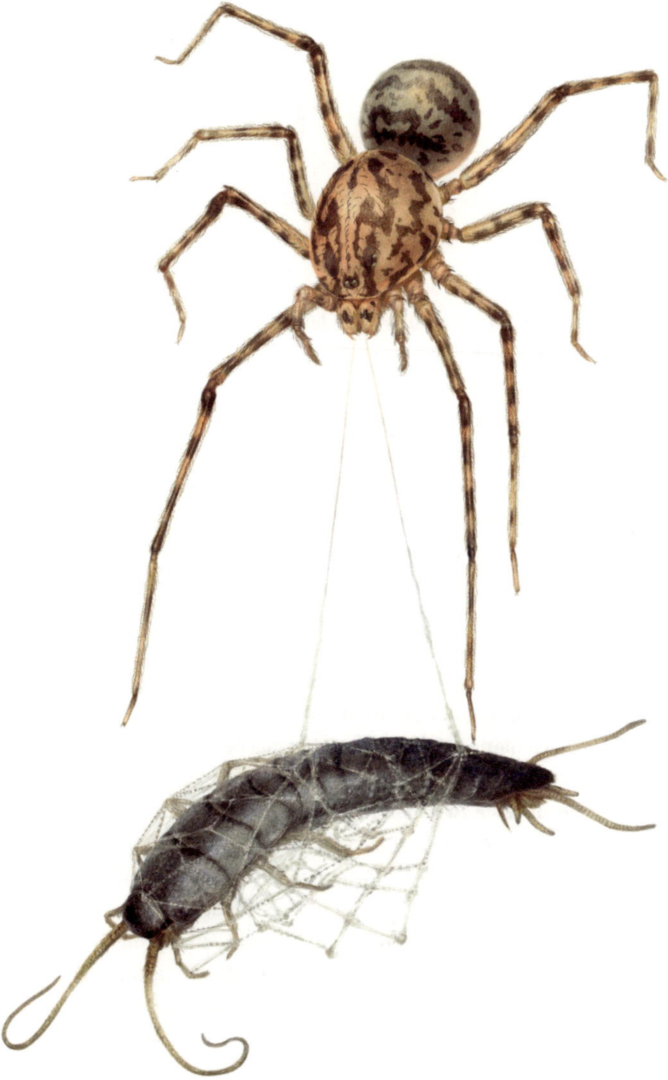

Wasserspinne

Argyroneta aquatica

Water spider
L'Argyronète

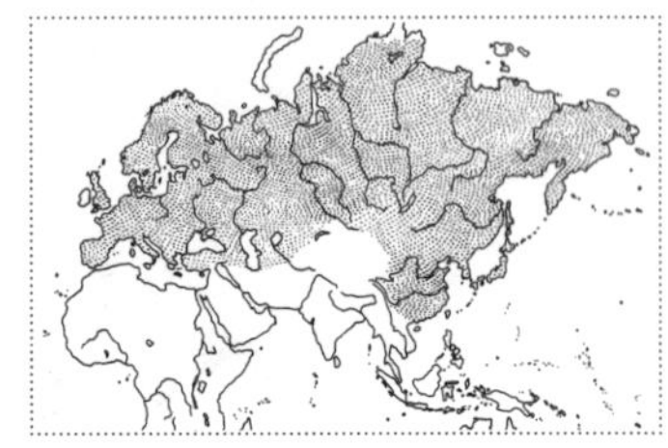

Spinnen sind Landtiere. Aber viele leben wassernah, an Mooren, Feuchtwiesen, Teichen, fließenden Gewässern. Zahlreiche Wolfs- und Jagdspinnen sind in der Lage, auf einer Wasseroberfläche zu laufen. Sie passen dabei die Bewegungsabläufe ihrer Beine dem Untergrund an. Die einzige Spinnenart, deren gesamter Lebenszyklus im Wasser stattfindet, ist die Wasserspinne *Argyroneta aquatica.* Das Jagen und die Nahrungsaufnahme, die Häutung, die Paarung und die Eiablage, alles findet bei ihr unter Wasser statt. Die Luft, die sie zum Atmen benötigt, speichert sie in ihrer dichten Behaarung. Dem Silberglanz dieser Lufthülle verdankt sie ihren griechischen Namen *Argyroneta.* Verbrauchte Luft ersetzt sie, indem sie mit ihrem Hinterkörper die Wasseroberfläche durchstößt und neuen Vorrat aufnimmt. Für ihr Leben unter Wasser baut sie ›Luftschlösser‹, Taucherglocken, in denen sie frisst, sich häutet, sich paart. Dafür macht sie Wasserpflanzen zu ihren Gehilfen und spinnt zwischen ihnen ein Gewebe. Große Luftblasen zieht sie zwischen Hinterleib und Hinterbeinen ruckartig ins Wasser hinab und bringt sie unter das Gewebe und bläht es so zur Taucherglocke auf, deren Seitenwände und Decke mit Spinnseide ausgekleidet und befestigt sind. Konkurrierende Spinnen müssen Wasserspinnen beim Beutefang nicht fürchten. Ihre größte Bedrohung sind nicht ihre natürlichen Feinde, sondern die Verschmutzung von Gewässern und die Schrumpfung ihrer Lebensräume. Die Wasserspinne zählt zu den gefährdeten Arten.

Literaturverzeichnis

Jane Austen: ***Northanger Abbey***, Zürich 2008.

Roland Barthes: ***Die Lust am Text***, Frankfurt/Main 1974.

Henry Walter Bates: ***The Naturalist on the River Amazonas***, London 1864.

Alfred Brehm: ***Brehms Thierleben.*** *Allgemeine Kunde des Thierreichs, Vierte Abteilung. Erster Band,* Leipzig [2]1877.

Italo Calvino: ***Warum Klassiker lesen?***, München und Wien 2003.

Denis Diderot: ***Erzählungen und Gespräche***, Frankfurt/Main 1981.

Jean-Henri Fabre: ***Spinnen***, Berlin 2019.

Iwan Gontscharow: ***Oblomow.*** Roman in vier Teilen, herausgegeben und übersetzt von Vera Bischitzky, München und Wien 2012.

Jeremias Gotthelf: ***Die schwarze Spinne***, Frankfurt/Main 2007.

Wolfram Junghans: »Die Tigerspinne (Argiope Bruenichii)«, in: *Kosmos. Handweiser für Naturfreunde*, 21 (1924), S. 107–110.

Gottfried Keller: ***Der grüne Heinrich.*** *Zweite Fassung*, Frankfurt/Main 1996.

Sören Kierkegaard: ***Entweder – Oder.*** *Ein Lebensfragment*, München 1975.

Primo Levi: ***Anderer Leute Berufe.*** *Glossen und Miniaturen*, München und Wien 2004.

Lukrez: ***Über die Natur der Dinge***, Berlin 2014.

Anton Menge: ***Preußische Spinnen***, Danzig 1866.

Maria Sibylla Merian: ***Das Insektenbuch. Metamorphosis Insectorum Surinamensium***, Frankfurt am Main 1991.

Publius Ovidius Naso: ***Metamorphosen.*** *Epos in 15 Büchern*, Zürich 1964.

Denis-Bernard Quatremère-Disjonval: ***Araneologie oder Naturgeschichte der Spinnen nach den neuesten bis jetzt unbekannten Entdeckungen.*** Aus dem Französischen der zweyten Ausgabe übersetzt, Frankfurt am Main 1798.

Jan Philipp Reemtsma: ***Im Keller***, Hamburg 1997.

Joseph Roth: ***Das journalistische Werk 1924–1928***, Köln 1990.

Walter Scott: ***Erzählungen eines Großvaters aus der schottischen Geschichte***, Stuttgart 1828.

Walt Whitman: ***Grasblätter***, München und Wien 2009.

Virginia Woolf: ***Ein Zimmer für sich allein***, Berlin 1978.

KULTUR- UND WISSENSCHAFTS-GESCHICHTE

Jutta Ansorg u. a.: ***Spinnen.*** *Alles, was man wissen muss*, Berlin 2022.

Dirk Baecker: ***Die Spinne bei der Arbeit.*** *Zur Ausstellung von Frederick D. Bunsen im Diözesanmuseum Rottenburg am Neckar 2020–2021*, Vallendar 2021.

Sylvie Ballestra-Puech: ***Métamorphoses d'Arachné***, Genf 2006.

Heiko Bellmann: ***Der Kosmos Spinnenführer.*** *Über 400 Arten Europas*, Stuttgart 2010.

W. S. Bristowe: ***The World of Spiders***, London und Glasgow 1958.

João Vitor Campos e Silva, Fernanda de Almeida Meirelles: »A small homage to Maria Sibylla Merian, and new records of spiders (Araneae: Theraphosidae) preying on birds«, in: *Revista Brasileira de Ornitologia*, 24 (März 2016), S. 30–33.

Lieke van Duin: »Anansi as Classical Hero«, in: *Journal of Caribbean Literatures* 1 (2007), S. 33–42.

Klaus Bach, Ernst Kullmann (Hg.): *Netze in Natur und Technik*, Stuttgart 1975.

Judith Dundas: »Arachne's Web. Emblem into Art«, in: *Emblematica* 1 (1987), S. 109–137.

Kay Etheridge u. a. (Hg.): *Maria Sibylla Merian.* *Changing the Nature of Art and Science*, Amsterdam 2022.

Lutz Fromhage, Jutta Schneider: »A mate to die for? A model of conditional monogyny in cannibalistic spiders«, in: *Ecology and Evolution* 2 (2012), S. 2572–2582.

Sebastian Gießmann: *Die Verbundenheit der Dinge.* *Eine Kulturgeschichte der Netze und Netzwerke*, Berlin 2015.

Ingrid E. Holmberg: »Hephaistos and Spiders' Webs«, in: *Phoenix* 1/2 (2003), S. 1–17.

Ernst Kullmann, Horst Stern: *Leben am seidenen Faden.* *Die rätselvolle Welt der Spinnen*, München 1975.

Klaus Lindemann, Raimar Stefan Zons: *Lauter schwarze Spinnen.* *Spinnenmotive in der deutschen Literatur*, Bonn 1990.

Ekkehard Martens: *Der Faden der Ariadne oder Warum alle Philosophen spinnen,* Leipzig 2000.

Nancy K. Miller: »Arachnologies: The Woman, The Text and The Critic«, in: Nancy K. Miller (Hg.): *The Poetics of Gender*, New York 1986.

Ian Richard Netton: *Islam, Christianity and the mystic Journey,* Edinburgh 2011.

Bernd Rieken: *Arachne und ihre Schwestern.* *Eine Motivgeschichte der Spinne von den ›Naturvölkermärchen‹ zu den ›Urban Legends‹*, Münster, New York, München, Berlin 2003.

Jasper Scheid, Jesper Svenbro: ***The Craft of Zeus.*** *Myths of Weaving and Fabric*, London 1996.

Änne Söll, Friedrich Weltzien: »Spider-Mans Heldenmaske. Kampf um Männlichkeit im Superheldengenre«, in: Lukas Etter, Thomas Nehrlich, Joanna Nowotny (Hg.): *Reader Superhelden. Theorie – Geschichte – Medien*, Bielefeld 2018, S. 157–170.

Georges Sturm: ***Die Circe, der Pfau und das Halbblut.*** *Die Filme von Fritz Lang 1916–1921*, Trier 2001.

Franziska Witschi: ***Spinnen,*** Zürich 2006.

Emily Zobel Marshall: »Liminal Anansi. Symbol of Order and Chaos. An Exploration of Anansi's Roots Amongst the Asante of Ghana«, in: *Caribbean Quarterly*, 3 (September 2007), S. 30–40.

Nathalie Zemon Davies: ***Metamorphosen. Das Leben der Maria Sibylla Merian***, Berlin 2016.

Abbildungsverzeichnis

Frontispiz Charles Athanase Walckenaer: *Histoire naturelle des araneides*, Paris/Strasbourg 1806.

Seite 8 Böttinger Marmor, Staatliches Museum für Naturkunde Stuttgart © CC 1.0.

Seite 11 Odilon Redon, *L'Arraignée souriante*, o. J.

Seite 13 Anselmus Boëtius de Boodt, *Blad met spinnen*, 1596–1610.

Seite 17 August Johann Rösel von Rosenhof, Christian Friedrich Carl Kleemann, *Der monatlich herausgegebenen Insecten-Belustigung*, Bd. 4, Nürnberg 1761.

Seite 20 *La ilustración artística*, 457 (29. 9. 1890).

Seite 24 Donn P. Crane, *Robert the Bruce mit Spinne*, o. J.

Seite 27 *Spider-Man*, Ausgabe vom 19. 12. 1964.

Seite 33 Antonio Tempesta, *Minerva verandert Arachne in een spin*, 1606–1638.

Seite 36 *Araneus in media tela*, in: Allard Pierson, University of Amsterdam, Hs. III C 23.

Seite 39 *Arachnes Selbstmord*, in: Giovanni Bocaccio: *De mulieribus claris*, Ulm, ca. 1474.

Seite 42 Alice Jean Patterson: *The spinner family*, Chicago 1903.

Seite 45 Carl Wilhelm Hahn: *Monographie der Spinnen*, Nürnberg 1820–1836.

Seite 46 Guillotine emprisonnant les arraignées de Madagascar, in: *Bulletin des soies et des soieries de Lyon*, 6. Januar 1900.

Seite 50 *Modell Deutscher Pavillon auf der Weltausstellung in Montreal 1967*, in: Georg Vrachliotis: *Frei Otto, Denken in Modellen*, Leipzig 2017.

Seite 52 Maria Sibylla Merian: *Metamorphosis insectorum Surinamensium*, Amsterdam 1705.

Seite 58 Henry Walter Bates: *The Naturalist on the River Amazons*, London 1863.

Seite 60 Ernst Ludwig Taschenberg: *Die Insekten, Tausendfüssler und Spinnen*, Leipzig 1877.

Seite 64 »Détails curieux sur quatres Phenomènes extraordinaires«, in: *Recueil. Monstres et animaux fabuleux*, Paris 1837–1846.

Seite 67 Jeremias Gotthelf: *Geld und Geist oder die Versöhnung*, Chaux-de-Fonds ca. 1894.

Seite 70 Filmplakat, *Tarantula*, 1955.

Seite 75 Carl Alexander Clerck: *Svenska Spindlar*, Stockholm 1757.

Seite 78 Carl Wilhelm Hahn: *Monographie der Spinnen*, Nürnberg 1820–1836.

Seite 81 Mechanical Spider, Modell von Willis O'Brien, 1933.

Seite 86 Georg Pencz, *Tactus*, ca. 1539/49.

Seite 91 Dora Maar, *The Years Lie in Wait For You*, 1936 © VG Bild-Kunst, Bonn 2024.

Seite 94 Alexandre-Louis Leloir: *A Swarm of Flies above a Spider's Web*, 1860–84.

Seite 100 Fritz Lang, *Die Spinnen*, 1919 (Filmstill).

Seite 104 Jan Augustin van der Goes, *Kreuzspinne*, 1690–1700.

Seite 107 Wolfram Junghans, *Argiope, die Tigerspinne*, 1924 (Filmstills).

Seite 113 *Proceedings of the Zoological Society of London*, Band 24, London 1856.

Seite 116 Gustave Doré, *Dante betrachtet die Seele von Arachne*, 1885.

Seite 119 Michael Sowa, *Spinne am Morgen* © Michael Sowa.

Seite 119 *Rapport présenté à la Chambre de commerce de Lyon par la Commission administrative*, Bd. 7, Lyon 1893/94.

Seite 127 Louise Bourgeois, *Maman*, 1999–2002 CC. 3.0: Fernando Pascullo.

Seiten 130–145 Illustrationen von Falk Nordmann, Berlin 2024.

Lothar Müller, schreibt für das Feuilleton der *Süddeutschen Zeitung*, Zeitschriften und den Deutschlandfunk. Seit 2010 ist er Honorarprofessor am Institut für Deutsche Literatur der Humboldt Universität zu Berlin. 2022 erhielt er den Heinrich-Mann-Preis der Berliner Akademie der Künste. Zuletzt erschien *Adrien Proust und sein Sohn Marcel* (2021).

NATURKUNDEN № 107
Erste Auflage Berlin 2024

NATURKUNDEN
herausgegeben von Judith Schalansky
erscheinen bei Matthes & Seitz Berlin
ermöglicht durch Jan Szlovak, Hamburg

EINBAND UND TYPOGRAFIE Pauline Altmann, Palingen nach einem Entwurf von Judith Schalansky
TITELILLUSTRATION Pauline Altmann, Palingen
SCHRIFT Ingeborg von Michael Hochleitner/Typejockeys
LITHOGRAFIE Raimundas Austinskas, Kaunas
HERSTELLUNG Hermann Zanier, Berlin
PAPIER 100 g/m² Fly 04 hochweiß, 1,2-faches Volumen
EINBANDMATERIAL Napura® Khepera von Winter & Company GmbH, Lörrach
DRUCK UND BINDUNG Pustet, Regensburg

ISBN 978-3-7518-4020-0

www.naturkunden.de
www.matthes-seitz-berlin.de